高职高专化工专业系列教材

（工作活页式）

# 化学实验基础操作

马学艳　王延花　主编

孙秀华　副主编

马占梅　主审

化学工业出版社

·北京·

## 内容简介

本书主要内容包括化学实验室使用须知、化学实验室安全常识、化学实验室基础认识、化学实验室基础操作、物质物理常数的测定五个部分，共二十三个实训。通过实训，使学生了解化学实验室的使用常识，认识常用化学实验室设备仪器，熟知化学实验室的安全知识，掌握化学实验室基础实验操作方法和常用仪器的使用方法。本书结合相关技能等级证书的要求及岗位的要求，将相关知识和技能的基础性、针对性、应用性、服务性融为一体，体现职业教育的应用特色。

本书可作为职业院校化工类专业及相关专业的教材，也可作为企业技术工人培训用书或自学用书。

**图书在版编目（CIP）数据**

化学实验基础操作 / 马学艳，王延花主编 . —北京．化学工业出版社，2024.4（2025.9 重印）

高职高专化工专业系列教材

ISBN 978-7-122-44649-7

Ⅰ.①化… Ⅱ.①马… ②王… Ⅲ.①化学实验-高等职业教育-教材 Ⅳ.①O6-3

中国国家版本馆 CIP 数据核字（2024）第 067638 号

---

责任编辑：潘新文　　　　　　　　装帧设计：韩　飞
责任校对：李露洁

---

出版发行：化学工业出版社
　　　　　（北京市东城区青年湖南街 13 号　邮政编码 100011）
印　　装：北京印刷集团有限责任公司
787mm×1092mm　1/16　印张 8　字数 174 千字
2025 年 9 月北京第 1 版第 2 次印刷

---

购书咨询：010-64518888　　　　售后服务：010-64518899
网　　址：http://www.cip.com.cn
凡购买本书，如有缺损质量问题，本社销售中心负责调换。

---

定　　价：32.00 元

# 前　言

　　进入 21 世纪以来，随着我国综合国力的不断增强，我国的化学工业快速发展，目前已上升到新的台阶。与之相应，我国的化工类生产企业急需更多的高素质技术技能型人才，这类人才既要具备扎实的化工专业基础知识，又要掌握较高的实验技能。党的二十大报告指出：推动西部大开发形成新格局。青海地区位于我国西部，拥有丰富的盐类资源，相关的化工产业发展迅猛。为了满足青海地区化工类企业对技能型人才的需求，服务地方产业发展，培养具有扎实基础知识和实验技能的化工专业技术人才，我们根据教育部职业教育"三教"改革精神，结合青海地区的职业教育实际及企业岗位对职业技能的要求，组织编写了本书。

　　本书分为化学实验室使用须知、化学实验室安全常识、化学实验室基础认识、化学实验室基础操作、物质物理常数的测定五个模块，每个模块下面分为若干个实训。通过实训，使学生了解化学实验室的使用常识，认识常用化学实验室设备仪器，熟知化学实验室的安全知识，掌握化学实验室基础实验操作方法和常用仪器的使用方法。本书在编写过程中，注重将化学实验基础知识和常用的化学实验手段、实验方法有机结合，将教、学、做有机统一，使学生懂原理、能操作、会运用。

　　本书由青海柴达木职业技术学院的马学艳、海西蒙古族藏族自治州职业技术学校的王延花担任主编。其中，王延花负责模块一、模块二和模块五的编写，同时负责统稿和对全书逻辑结构的确定工作。马学艳负责模块三、模块四的编写。全书由青海柴达木职业技术学院马占梅担任主审。青海柴达木职业技术学院的朱小莉和拉毛也参与了编写工作。另外，北京华科易汇科技股份有限公司的魏文佳对于本书的大纲和逻辑结构的确定也给予了诸多指导。由于编者水平有限，加之编写时间仓促，书中难免有疏漏及不足之处，敬请广大读者批评指正。

编者

2024 年 12 月

# 目 录

## 模块一　化学实验室使用须知

## 模块二　化学实验室安全常识

## 模块三　化学实验室基础认识

## 模块四　化学实验室基础操作

## 模块五　物质物理常数的测定

## 参考文献

# 模块一　化学实验室使用须知

## 实训一　了解化学实验室

### 一、实训目的

① 了解化学实验室的分类。

② 了解化学实验室的基础设施。

③ 激发学生对化学实验的兴趣。

### 二、实训知识

化学实验室是进行化学实验及科学探究的重要场所。化学实验室通常会配有实验柜，包括药品柜和器皿柜。

**1. 化学实验室的分类**

**（1）按实验室功能分类**

化学实验室一般包括基础实验室、有机分析实验室、玻璃量器室、天平室、配药室、药品室、贮藏室、加热室和纯水室等。

**（2）按实验室特性分类**

化学实验室按特性可以分成干性实验室与湿性实验室，主实验室与辅助实验室，常规实验室与特殊实验室、危险性实验室等。

① 干性实验室与湿性实验室。

干性实验室：是指玻璃量器室、天平室、高温室等不使用或较少使用水的实验室。

湿性实验室：是指进行样品处理、容量分析、离心、沉淀、过滤等常规实验而需要配备给排水的实验室。

② 主实验室与辅助实验室。

主实验室：是指进行分析、研究等核心实验的主要实验室，如玻璃量器室等。

辅助实验室：是指为实现核心实验的辅助性实验室，如天平室、高温室、样品室等。

③ 常规实验室与特殊实验室、危险性实验室。

常规实验室：是指无压差及洁净度要求的普通化学实验室。

特殊实验室：是指洁净实验室、防静电实验室、恒温恒湿实验室、移动实验室等满足特殊需要的实验室。

危险性实验室：是对人或环境有潜在危险性的实验室，如有毒有害试剂室、辐射性实验室等。

**2. 化学实验室基础设施**

基础设施是化学实验室必不可少的，化学实验室基础设施包括供排水设施、通风设备、电源、实验桌、实验柜、安全设施等。

**（1）供排水设施**

化学实验室必须配备足够的供水管和排水管，方便冷却、洗涤、减压、过滤等实验操作。水源及水槽应设置在实验桌、演示台等处。排水管道材料应考虑其耐腐蚀性、耐低温性、抗冲击性、阻燃性、隔热性和连接密封性等性能指标。室内还必须设置总水源阀，以便安全管理与维修。

**（2）电源**

实验室的照明电源和实验电源必须分开，并配备总、分电源开关。电源开关应尽量远离水源。所有电器开关、插座必须采用防爆装置。实验用电源应配有两相和三相插座，安置在需要处，并应侧向安装（防止因液体溅入而短路）。实验电源应有交流稳压电源和直流稳压电源两种供电方式。

**（3）通风设备**

化学实验室通风设备通常设置为上部排风式、下部排风式和上下同时排风式。如果排出的物质比空气轻，可选择上部排风式；如果排出的物质比空气重，可选择下部排风式；如果排出的物质性质不稳定，可选择上下同时排风式。

通风柜的台面应进行防水阻燃等技术处理，应尽量采用水泥台面。通风柜不能作为唯一的室内排风设施，在每组实验桌上可设置一个下排抽风口，由一个大功率的风机集中提供动力。

**（4）实验桌**

实验桌应固定在地面上，桌与桌之间应留出一定空间。

**（5）实验柜**

实验柜用于存放短时期内需要使用的化学试剂或实验器皿。

**（6）安全设施**

实验室的安全性非常重要，因此，安全设备、设施应配备到位，包括灭火器、消防栓、沙袋、沙箱、漏电保护器、安全报警器等，同时，还应有事故急救箱、紧急淋浴设施和洗眼器等。

## 三、实训操作

走进化学实验室，观察并记录各个实验室的结构功能和特性，将结果填写于表 1-1-1 中。

表 1-1-1　实验室的名称、结构、功能和特性

| 实验室名称 | 结构 | 功能 | 特性 |
|---|---|---|---|
| ＿＿＿＿＿实验室 | | | |
| ＿＿＿＿＿实验室 | | | |
| ＿＿＿＿＿实验室 | | | |
| ＿＿＿＿＿实验室 | | | |

查看实验室情况，包括实验室的供水、排水、电源和通风设备等基础设施，将相关情况填写于表 1-1-2 中。

表 1-1-2　查看实验室情况

| 实验室名称 | 供水 | 排水 | 电源 | 通风设备 | 实验桌 | 实验柜 | 安全设施 |
|---|---|---|---|---|---|---|---|
| ＿＿＿＿＿实验室 | | | | | | | |
| ＿＿＿＿＿实验室 | | | | | | | |
| ＿＿＿＿＿实验室 | | | | | | | |
| ＿＿＿＿＿实验室 | | | | | | | |

## 四、实训评价

请学生和教师根据表 1-1-3 的实训评价内容进行学生自评和教师评价，并根据评分标准将对应的得分填写于表 1-1-3 中。

表 1-1-3　了解化学实验室实训评价表

| 评价内容 | 评分标准/分 | 学生自评/分 | 教师评价/分 | 得分/分 |
|---|---|---|---|---|
| 了解化学实验室的分类 | 20 | | | |
| 了解化学实验室的基础设施 | 20 | | | |
| 对化学实验的兴趣 | 10 | | | |
| 总计/分 | | | | |

## 实训二 了解化学实验室管理

### 一、实训目的

① 了解化学实验室的管理制度。

② 熟悉化学实验室学生实验须知。

③ 掌握化学实验室安全须知。

④ 能够识别化学实验室安全标志。

### 二、实训知识

为确保化学实验有序、安全、有效地进行，达到课程的教学目标，使用化学实验室前必须了解以下内容。

**1. 化学实验室管理制度**

① 进入实验室操作的人员，必须严格遵守实验室的规章制度，服从实验室管理人员的安排和管理，做到文明实验。

② 使用仪器设备必须严格遵守操作规程，认真填写使用记录。实验中发生故障或损坏仪器时应及时报告实验室管理人员。

③ 保证账、物相符，对仪器设备要定期进行保养、维修和检验，保持仪器设备的完好。

④ 仪器设备的管理、维护、保养和档案材料的填写、整理、保管等工作需由专人负责。

⑤ 实验室应保持整洁、安静，禁止吸烟，严禁存放个人物品，不得随意留宿。

⑥ 未经实验室负责人同意，不得在实验室内做实验；不得以任何借口长期占用实验室。校外人员进入实验室做实验或参观学习，须经主管部门批准。

⑦ 注意安全，做好防火、防盗、防爆炸、防破坏工作，防止安全事故的发生。

**2. 学生实验须知**

① 实验前必须做好预习，认真预习所做实验的内容，了解实验过程中所需的仪器及试剂、实验原理、实验过程中的关键点，做到心中有数。自己归纳实验中重点内容，写好实验操作提纲。没有完成预习者，不得进行实验操作。

② 应遵守实验室的纪律，不准迟到，操作中不准无故离开实验室，如必须离开时须委托他人看管仪器。学生进入实验室应按编号就座，并先检查实验用品是否齐全。如果对仪器的使用方法或试剂的性质不明确，不得实验，以免发生危险和损坏仪器。

③ 不准在实验室里大声喧哗，不准随意跑动，尤其是不能拿着药品和玻璃仪器随意跑动，以免伤到自己或他人。

④ 要保持实验台面、地面和水槽的清洁。试剂、仪器及药品用完后要及时放回原处。实验台上不得放置与实验无关的物品或书本。

⑤ 实验过程中要严格按实验规则操作，本着实事求是的科学态度认真完成实验操作，仔细观察实验现象，如实记录实验数据。实验数据要记在实验记录本上，不准记在手上或零星小纸片上。

⑥ 配制腐蚀性、挥发性药品时必须戴防护手套及防护眼镜。不能用手直接接触药品，不得随意尝任何药品的味道。

⑦ 实验过程中的废弃物不准随意倒入水池，要倒入指定的地点。不宜回收的浓酸、浓碱废液，须先中和，再加水稀释后方可排放。

⑧ 要按实验要求取用试剂及药品，不得浪费，若是不慎称取过量，可倒入特定回收容器，不能放回原始容器或将其扔进水槽。

⑨ 如果发现实验仪器有问题或打碎了玻璃仪器，要立即报告实验教师，以便教师妥善处理，确保实验正常进行。

⑩ 实验结束后要整理好实验所用的仪器、试剂和药品，擦净实验台，放好实验凳，检查所用过的水、电开关是否关闭，经实验教师允许后方可离开实验室。值日生要认真做好实验室内的环境卫生清洁工作，不留死角。

⑪ 实验室内的任何物品未经实验教师的同意，不准以任何理由私自带出实验室。

⑫ 实验完成后，按教师要求写出实验报告，并上交实验报告。

### 3. 实验室安全须知

① 实验课需穿实验服、包覆式鞋子，严禁穿拖鞋、凉鞋，不得穿短裙、短裤。女生的长发要扎起来。

② 实验过程中，禁止使用手机，严禁在实验室内玩耍和喧闹。

③ 不准在实验室吸烟和吃食物，不准随地吐痰，不准乱扔杂物。

④ 使用药品时，应了解药品的物理性质和化学性质、毒性及正确的使用方法，以及实验过程中可能存在的危险，采取适当的防护措施。实验产生的高浓度酸、碱等废液，应分别在废液回收桶中回收处理，以免造成环境污染。

⑤ 实验用火时，实验室人员不得随意离开实验室，加热结束后应立即熄火。如不慎发生火灾，视具体情况，适时选用湿布、干沙或灭火器将之扑灭。

⑥ 损毁或无法使用的玻璃器皿，应将其丢弃在废玻璃收集箱中，不可随意丢入垃圾桶。

⑦ 熟悉急救箱、灭火器的存放位置，并熟知其使用方法。

⑧ 实验结束后应清洁实验台、实验仪器及水槽。检查关闭非必要电源、水源和其他开关，以避免危险发生。

### 4. 实验室安全标志

实验室常见的安全标志如图 1-2-1 所示。

| | | | |
|---|---|---|---|
| 当心中毒<br>Warning poisoning | 当心腐蚀<br>Warning corrosion | 当心微波<br>Warning microwave | 当心触电<br>Warning electric shock |
| 危险 DANGER<br>禁止吸烟<br>NO SMOKING | 危险 DANGER<br>易燃<br>FLAMMABLE | 危险 DANGER<br>压缩气体<br>COMPRESSED GAS | 危险 DANGER<br>高温<br>HOT |
| 禁止饮用<br>No drinking | 禁止烟火<br>No burning | 禁止用水灭火<br>No extinguishing With Water | 禁止堆放<br>No stocking |
| 必须戴防护手套<br>Must wear protective gloves | 必须戴防毒面具<br>Must wear gas defence mask | 必须戴防护眼镜<br>Must wear protective goggles | 必须戴防尘口罩<br>Must wear dustproof mask |
| 爆炸品<br>1 | 易燃气体<br>2 | 氧化性液体/固体<br>5.1 | 有毒品<br>6 |
| 一级放射性物品<br>7 | 腐蚀品<br>8 | 自燃物品<br>4 | 遇湿易燃物品<br>4 |

图 1-2-1　实验室常见的安全标志

7

## 三、实训操作

① 开展一次"实验室安全使用应急演练",使学生从实际出发了解化学实验室的管理制度、学生实验须知、实验室安全须知、安全标志等,要求全体学生参与并相互点评,将点评结果填写于表 1-2-1～表 1-2-3 中。

**表 1-2-1　了解实验室管理制度**

| 遵守实验室规章制度 | 服从管理员安排 | 文明实验 | 填写使用记录 |
|---|---|---|---|
|  |  |  |  |
| 定期保养仪器 | 仪器专管专用 | 档案材料完整 | 实验室清洁整齐 |
|  |  |  |  |

**表 1-2-2　遵守学生实验须知**

| 实验预习 | 有秩序进入实验室 | 检查实验用品 | 安全穿戴 | 遵守课堂纪律 | 规范实验操作 |
|---|---|---|---|---|---|
|  |  |  |  |  |  |
| 正确配制药品 | 保持实验环境清洁 | 安全进行实验 | 正确处理废弃物 | 合理选用试剂 | 整理实验台 |
|  |  |  |  |  |  |
| 整理仪器 | 归还药品 | 断电 | 断水 | 关窗 | 打扫卫生 |
|  |  |  |  |  |  |

**表 1-2-3　掌握实验室安全须知**

| 严禁吸烟 | 严禁饮食 | 严禁玩耍 | 严禁喧闹 | 严禁穿拖(凉)鞋 |
|---|---|---|---|---|
|  |  |  |  |  |
| 严禁散着长发 | 严禁药品浪费 | 严禁在不了解药品性质时使用药品 | 严禁在实验台放置个人物品 | 严禁随意处理实验废弃物 |
|  |  |  |  |  |

② 将图 1-2-2 中所示安全标志粘贴到实验室的相应位置。

## 四、实训评价

请学生和教师根据表 1-2-4 的实训评价内容进行学生自评和教师评价,并根据评分标准将对应的得分填写于表 1-2-4 中。

| 当心中毒 Warning poisoning | 当心腐蚀 Warning corrosion | 有毒品 6 | 禁止用水灭火 No extinguishing With Water |
| 禁止饮用 No drinking | 禁止烟火 No burning | 必须戴防护眼镜 Must wear protective goggles | 必须戴防尘口罩 Must wear dustproof mask |
| 爆炸品 1 | 易燃气体 2 | 自燃物品 4 | 遇湿易燃物品 4 |

图 1-2-2　安全标志

表 1-2-4　了解化学实验室管理实训评价表

| 评价内容 | 评分标准/分 | 学生自评/分 | 教师评价/分 | 得分/分 |
|---|---|---|---|---|
| 了解化学实验室管理制度 | 10 | | | |
| 熟悉化学实验室学生实验须知 | 15 | | | |
| 掌握化学实验室安全须知 | 15 | | | |
| 能够识别化学实验室安全标志 | 10 | | | |
| 总计/分 | | | | |

实训三 了解化学实验流程

## 一、实训目的

① 了解仪器使用流程。
② 了解药品使用流程。
③ 熟悉学生实验流程。

## 二、实训知识

### 1. 仪器使用流程

仪器使用前要预约，预约的同时提交实验方案，与实验室负责人或仪器管理员一起审核该方案的可行性。实验方案审核通过后，在实验室管理员处填写预约表，注明使用的时间，由管理员统一安排。

仪器技术负责人或仪器管理员有义务培训实验者。实验者培训合格后须经管理员同意或持有上岗证才能使用仪器。

实验者操作时，仪器技术负责人或仪器管理员须跟踪指导，直到确认实验者能够独立操作为止。

实验者发现仪器异常，或操作失误，或损坏零部件，须及时报告仪器技术负责人或仪器管理员，不得自行处理或隐瞒不报。如隐瞒不报，将依据有关的处罚办法进行处理。

实验结束后，检查关闭仪器和水、气、电源开关，记录关机时间，将实验设备按规定回归原处，所有工具放回工具箱，不得随意放置或作其他用途。

### 2. 药品使用流程

药品领取要填写化学实验药品通知单，实验室管理员根据化学实验药品通知单备好实验所需的化学药品。

领取化学药品时，应确认药品容器上的标示名称是否为需要的实验药品。注意药品的危害标志。为了安全有效地进行实验，应查看药品报告单或药品的安全数据单。

每次按需领取化学药品，实验室管理员要按需称量，及时记录，以作记账凭证之用。

危险化学品、贵金属化学试剂的领用须提前申请上报，经任课教师申请、分管领导核准，方可领取，做到用多少领多少。剧毒品必须是双人领取，双人送还，否则剧毒品仓库保管员有权不予发放。

### 3. 学生实验流程

① 教师提前准备　实验课教师在每次指导学生实验前要准备好有关的药品、仪器和器材，对实验中可能出现的问题要做到提前准备、提前防范。

② 学生提前准备　学生按照实验室实验须知提前做好实验准备。

③ 进入实验室　学生做好一切准备工作后，经教师允许后排队进入实验室，遵守实验室相应规则。

④ 教师讲解实验注意事项　教师讲解有关实验的注意事项，重点强调实验的安全注意事项。

⑤ 进行实验操作　学生进行实验操作，同时记录相关实验现象及数据，有问题及时询问教师。教师在学生实验时应认真巡视，及时发现和纠正学生不正确的操作行为。每次学生实验，实验教师必须在场。

⑥ 清洁整理　所有实验结束后按实验室要求清洗、摆放仪器。实验小组负责人进行检查，如出现仪器的缺失、损坏，及时上报教师并做好相关记录。

⑦ 离开实验室　值日生完成值日工作，教师检查并填写使用记录单，待一切工作完成后，所有人员方可离开实验室。

## 三、实训操作

学生按实验方案操作,将具体的操作流程填写在图 1-3-1 的方框中。

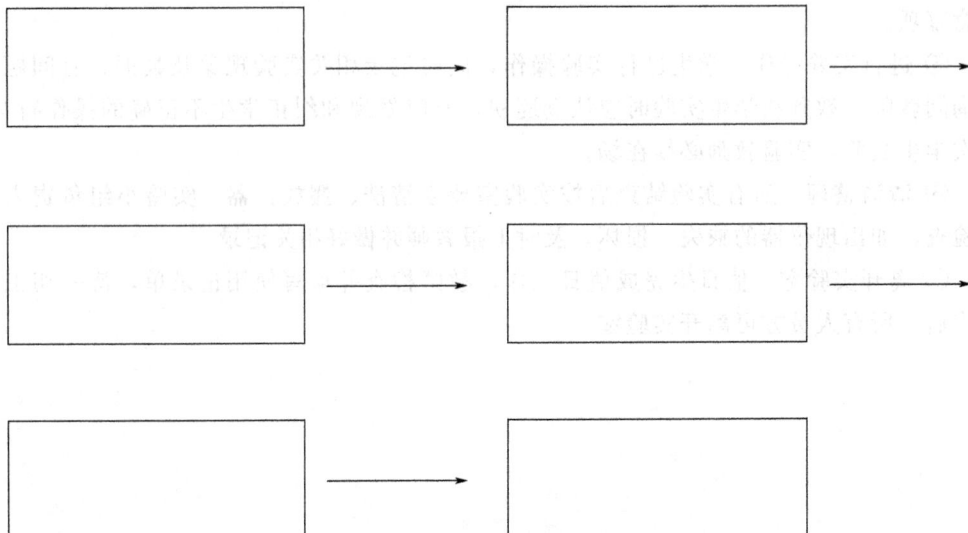

```
┌──────────────┐        ┌──────────────┐
│              │   →    │              │   →
│              │        │              │
└──────────────┘        └──────────────┘

┌──────────────┐        ┌──────────────┐
│              │   →    │              │   →
│              │        │              │
└──────────────┘        └──────────────┘

┌──────────────┐        ┌──────────────┐
│              │   →    │              │
│              │        │              │
└──────────────┘        └──────────────┘
```

图 1-3-1　数字实验平台的实验流程

将危险化学品和普通化学药品的使用流程填写在图 1-3-2 的方框中。

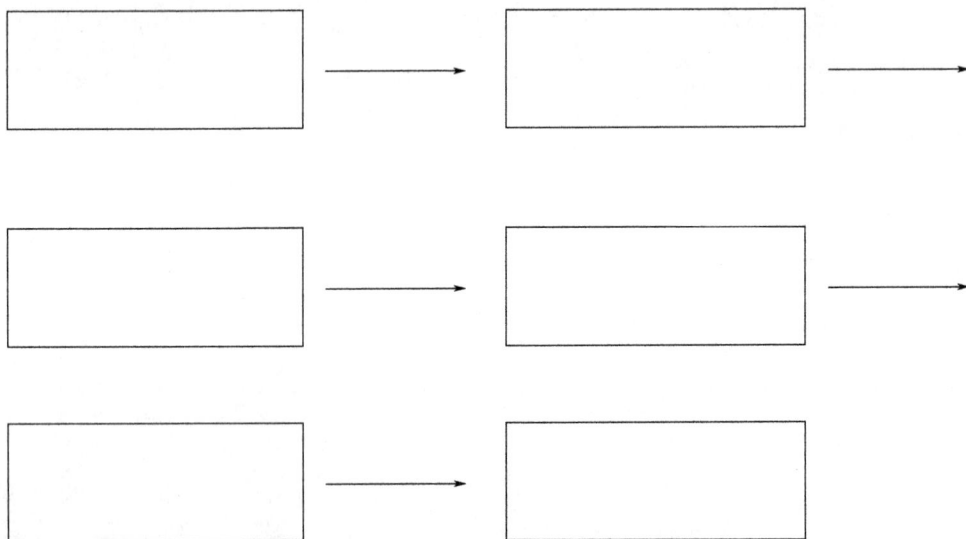

```
┌──────────────┐        ┌──────────────┐
│              │   →    │              │   →
│              │        │              │
└──────────────┘        └──────────────┘

┌──────────────┐        ┌──────────────┐
│              │   →    │              │   →
│              │        │              │
└──────────────┘        └──────────────┘

┌──────────────┐        ┌──────────────┐
│              │   →    │              │
│              │        │              │
└──────────────┘        └──────────────┘
```

图 1-3-2　危险化学品和普通化学药品的使用流程

## 四、实训评价

请学生和教师根据表 1-3-1 的实训评价内容进行学生自评和教师评价,并根据评分标准将对应的得分填写于表 1-3-1 中。

表 1-3-1　了解化学实验流程实训评价表

| 评价内容 | 评分标准/分 | 学生自评/分 | 教师评价/分 | 得分/分 |
|---|---|---|---|---|
| 了解化学仪器的使用流程 | 20 | | | |
| 了解化学药品的使用流程 | 15 | | | |
| 熟悉学生实验的流程 | 15 | | | |
| 总计/分 | | | | |

# 实训四　了解化学实验报告

## 一、实训目的

① 了解化学实验报告的特点。

② 熟知化学实验报告的内容。

③ 学会化学实验报告的撰写。

## 二、实训知识

实验报告是人们在科学研究活动中为了检验某一种科学理论或假设，通过实验中的观察、分析、综合、判断，如实地把实验的全过程和实验结果用文字形式记录下来的书面材料。因科学实验的对象不同，化学实验的报告叫化学实验报告，物理实验的报告就叫物理实验报告。

### 1. 化学实验报告的特点

① 准确性　化学实验报告的写作对象是化学实验的精准方法、步骤等，须描述准确，分析科学、合理，判断恰当。

② 客观性　化学实验报告是对化学实验的过程和结果的客观真实记录，在表达对实验中某些问题的观点和判断结论时，必须以客观事实为依据。

③ 确证性　是指实验报告中记载的实验结果能被任何人所重复和证实，即任何人按给定的条件去重复这项实验，无论何时何地都能观察到相同的科学现象，得到同样的结果。

④ 清晰可读性　为使读者了解复杂的实验过程，实验报告的写作除了文字叙述和说明以外，还常常借助图表等形式说明实验的基本原理和各步骤之间的关系，解释实验结果等，要求条理清晰、表述明了易懂。

### 2. 化学实验报告的撰写

化学实验报告的撰写是相关专业学生的一项重要的基本技能，它不仅是对每次实验的总结，而且可以培养和训练学生的逻辑归纳能力、综合分析能力和文字表达能力，是科学论文写作的基础。因此，参加化学实验的学生，均应及时、认真地撰写化学实验报告，并做到内容实事求是、分析全面具体、文字简练通顺、书写清楚整洁。

### 3. 化学实验报告的内容

化学实验报告的内容通常包含实验名称、实验操作人姓名、实验时间、实验地点、实验目的、实验原理、实验仪器、实验药品、实验步骤、实验结论、实验反思等。

① 实验名称　即用最简练的语言总结概括实验的内容。

② 实验操作人姓名　姓名要真实，若实验是合作完成的，应将合作者的姓名共同

写入。

③ 实验时间　一般按 ××年××月××日填写，对于一些要求比较高的实验，要具体到几点几分或从什么时间到什么时间。

④ 实验地点　对于一般的实验地点按相关要求写即可；一些特殊实验须写明经度和纬度等信息。

⑤ 实验目的　阐述要明确，实验报告中一般用掌握、了解、知道、学会、懂得、明白、完成、养成等词语来阐述实验目的。

⑥ 实验原理　其是实验设计的依据和思路，只有明确实验原理，才能真正掌握实验的核心和操作要点。

⑦ 实验仪器　其是实验中需要用到的实验器物。

⑧ 实验药品　化学药品往往有级别和浓度之分，在书写实验报告时一定要按要求注明药品的级别、数量、浓度等。

⑨ 实验步骤　对实验步骤的记录要简明扼要，有的步骤须画出实验流程图及实验装置的结构示意图，并配以相应的文字说明。

⑩ 实验结论　其不是具体实验结果的再次罗列，也不是对今后研究的展望，而是针对这一实验所能验证的概念、原理或理论的简明总结，是从实验结果中归纳出的一般性、概括性的判断，要简练、准确、严谨、客观。

⑪ 实验反思　指根据相关的理论知识对所得到的实验结果进行进一步思考和分析，包括分析实验中发生异常现象的可能原因。如果本次实验失败了，应找出失败的原因及以后实验应注意的事项。不要简单地复述教材上的理论而缺乏自己主动思考的内容。另外，也可以写一些本次实验的心得及提出一些问题或建议等。

**4. 化学实验报告的形式**

化学实验报告的呈现形式可以是表格形式，也可以是文字形式。表 1-4-1 为化学实验报告模板样例。

表 1-4-1　化学实验报告模板样例

| 实验名称 | | 姓名 | |
|---|---|---|---|
| 地点 | | 时间 | |
| 实验目的 | | | |
| 实验仪器及药品 | | | |

续表

| 实验原理 | |
| --- | --- |
| 实验步骤 | |
| 实验结论 | |
| 实验反思 | |

## 三、实训操作

请参照表 1-4-1 的格式设计一份化学实验报告，要求内容详细。参考实验为：0.1mol/L NaCl 溶液的配制。

## 四、实训评价

请学生和教师根据表 1-4-2 的实训评价内容进行学生自评和教师评价，并根据评分标准将对应的得分填写于表 1-4-2 中。

表 1-4-2　了解化学实验报告实训评价表

| 评价内容 | 评分标准/分 | 学生自评/分 | 教师评价/分 | 得分/分 |
|---|---|---|---|---|
| 了解化学实验报告的特点 | 15 | | | |
| 熟知化学实验报告的内容 | 15 | | | |
| 完成化学实验报告的撰写 | 20 | | | |
| 总计/分 | | | | |

# 模块二 化学实验室安全常识

## 实训一 水电消防安全常识

### 一、实训目的

① 知道化学实验室用水安全常识。

② 知道化学实验室用电安全常识。

③ 知道化学实验室消防安全常识。

### 二、实训知识

**1. 化学实验室用水安全常识**

水是化学实验室必不可少的。化学实验过程中几乎无处不用水。随着科学技术的发展，实验室各类仪器越来越精密，化学实验过程对用水的要求也越来越高。在用水过程中每个实验人员都应遵守实验室安全用水规则。

① 要了解化学实验室自来水各级阀门的位置。实验楼要有自来水总阀，各类实验室须设置分阀；总阀由值班人员负责启闭，分阀由相关管理人员负责启闭。

② 上、下水管道必须保持通畅。水龙头或水管漏水时，应及时联系维修人员进行维修。下水管道排水不畅时，应及时疏通。冬季应做好水管的保暖和防护工作，防止水管冻裂。

③ 实验室要节约用水。在无人状态下用水时，需做好停水、漏水的应急准备。

④ 实验室用水的取用应按照操作规程进行操作。

**2. 化学实验室用电安全常识**

化学实验室中很多仪器设备都要用电。用电不当极易引起火灾和造成对人体的伤害，因此在做化学实验时用电应注意以下几点。

① 在使用电器设备前，应先阅读产品使用说明书，熟悉设备电源接口和电流、电压等指标，核对是否与电源规格相符合，只有完全符合才可正常安装使用。

② 在安装仪器或连接线路时，电源线应最后接上。在结束实验拆除线路或修理、检查电器设备时，应首先切断电源，再拆除电源线或进行检修。

③ 一切电器设备均应有良好的绝缘装置，其金属外壳应接地线。绝不允许用潮湿的手操作设备。

④ 初次使用的电器设备,必须检查线路、开关、地线是否安全妥当,并且先用试电笔试验是否漏电,只有在不漏电时才能正常使用。不使用电器时,要及时拔掉插头使之与电源脱离。不用电时要拉闸。

⑤ 有些电器设备或仪器,为了防止过载运行,要求加装保险丝,严禁用铁、铜、铝等金属丝代替保险丝。

⑥ 不得将湿物放在电器上,更不能将水洒在电器设备或线路上。严禁带电清刷电器设备和开关。电器设备附近严禁放置杂物,以免引起火灾。

⑦ 电压波动大的地区,电器设备应加装稳压器,以保证设备安全和稳定运行。

⑧ 电线的接头不能裸露,须用绝缘胶带包好。

### 3. 化学实验室消防安全常识

化学实验室中必须放置一定数量的消防器材,而且需放置在方便取用的醒目位置,指定专人管理,并定期检查更换。实验室人员必须了解消防安全知识,熟悉常用消防器材的使用方法,能够熟练使用消防器材。当实验室不慎起火时,一定不要惊慌,要根据不同的着火情况,采取不同的灭火措施。

① 预防加热过程着火,加热操作是化学实验中常见的一项基本操作,多数的化学实验室着火均是由加热引起的。火源、电源、暖气附近严禁放置易燃易爆物品。低沸点、易挥发、易燃液体绝不允许用明火直接加热。在加热易燃液体时,操作人员不能离开现场。加热用的酒精灯、煤气灯、电炉等设备使用完毕后应立即关闭。禁止用火焰检查可燃气体(如煤气、乙炔气等)泄漏的地方,应用肥皂水来检查漏气。

点燃煤气灯时,必须先关闭风门,再开煤气,点燃后调节风量;停用时要先闭风门,后闭煤气。身上或手上沾有易燃物时,应立即清洗干净,不得靠近火源,以防着火。化学实验室内不宜存放过多的易燃易爆物品,且应低温存放。

② 实验人员对其所进行的实验,必须熟知其反应原理和所用化学试剂的特性,对于易燃易爆危险品应事先做好防护措施,熟悉火灾爆炸事故发生后的处理方法。易燃液体的废液应设置专用贮器收集,不得倒入下水道,以免引起燃烧及爆炸事故。

一旦发生火灾,实验人员应冷静沉着,根据起火的原因及性质,快速选择合适的措施进行扑救,同时注意自身安全保护。为防止火势扩展,应及时切断电源,关闭燃气阀门,快速移走附近的易燃物。火势较猛时,应立即拨打火警电话,请求救援。

## 三、实训操作

在教师指导安排下，模拟化学实验室某容器中可燃液体着火场景，对其进行灭火扑救。

## 四、实训评价

请学生和教师根据表 2-1-1 的实训评价内容进行学生自评和教师评价，并根据评分标准将对应的得分填写于表中。

表 2-1-1　水电消防安全常识实训评价表

| 评价内容 | 评分标准/分 | 学生自评/分 | 教师评价/分 | 得分/分 |
|---|---|---|---|---|
| 知道化学实验室用水安全常识 | 20 | | | |
| 知道化学实验室用电安全常识 | 15 | | | |
| 知道化学实验室消防安全常识 | 15 | | | |
| 总计/分 | | | | |

## 实训二　化学药品安全常识

### 一、实训目的

① 了解一般化学药品的安全常识。

② 了解危险化学品的安全常识。

### 二、实训知识

**1. 一般化学药品安全常识**

① 化学实验室不得存放大量化学药品。化学药品应密封、分类、合理存放，严禁混放；相互作用会发生反应的化学药品须分开储藏。

② 所有化学药品都应贴有明显标签，杜绝标签丢失、新旧标签共存、标签信息不全或不清等现象。配制的化学药品等应有名称、浓度或纯度、责任人、日期等信息。

③ 存放化学药品的环境必须整洁、通风、隔热、安全，远离热源和火源。

④ 实验室需建立并及时更新化学药品台账，及时清理废旧化学药品。管制类化学药品须上锁保管并做好使用登记。

⑤ 钠、钾、钙等活泼金属的单质须隔绝空气保存，一般保存在煤油或石蜡中。

⑥ 白磷着火点低，在空气中能缓慢氧化而自燃，通常保存在冷水中。

⑦ 浓盐酸、浓硝酸、浓氨水等应密封放于低温处。

⑧ 液溴有毒且易挥发，须盛在磨口细口棕色玻璃瓶里，加水密封，再塞上玻璃塞，并用蜡封好，放在阴凉、通风、干燥处。

⑨ 氢氧化钠、氢氧化钾等在常温下能缓慢地与玻璃中的二氧化硅作用生成硅酸钠，具有黏性，能粘住玻璃塞，故要用带胶塞的容器密闭保存。

⑩ 氢氟酸因具有强腐蚀性，能与玻璃中的二氧化硅反应，因此不能用玻璃瓶盛放，而应用塑料瓶盛放。

**2. 危险化学品安全常识**

《危险化学品安全管理条例》对危险化学品作了如下定义：具有毒害、腐蚀、爆炸、燃烧、助燃等性质，对人体、设施、环境具有危害的剧毒化学品和其他化学品。

根据《化学品分类和标签规范　第1部分：通则》（GB 30000.1—2024），化学品危险性包括物理危险、健康危害和环境危害3大类29项，具体如下：

a）物理危险：

1）爆炸物；

2）易燃气体；

3）气雾剂（气溶胶）和加压化学品；

4）氧化性气体；

5）加压气体；

6）易燃液体；

7）易燃固体；

8）自反应物质和混合物；

9）发火液体（自燃液体）；

10）发火固体（自燃固体）；

11）自热物质和混合物；

12）遇水放出易燃气体的物质和混合物；

13）氧化性液体；

14）氧化性固体；

15）有机过氧化物；

16）金属腐蚀物；

17）退敏爆炸物。

b）健康危害：

1）急性毒性；

2）皮肤腐蚀/刺激；

3）严重眼损伤/眼刺激；

4）呼吸道或皮肤致敏；

5）生殖细胞致突变性；

6）致癌性；

7）生殖毒性；

8）特异性靶器官毒性　一次接触；

9）特异性靶器官毒性　反复接触；

10）吸入危害。

c）环境危害：

1）危害水生环境；

2）危害臭氧层。

危险化学品的贮存应注意以下几点：

① 交通运输部门应在车站、码头等地修建专用于贮存危险化学品的仓库。

② 贮存危险化学品的地点及建筑结构，应根据国家有关规定设置，并充分考虑对周围居民区的影响。

③ 应根据物品危险性质设置相应的防火、防爆、防静电、防雷、泄压、通风、温度调节、防潮、防雨等安全设施。

④ 必须加强出入库验收，避免出现差错。对爆炸性物质、剧毒物质和放射性物质，应采取双人收发、双人记账、双人双锁、双人运输和双人使用的"五双制"方法加以管理。

## 三、实训操作

检查危险化学品贮存室常规管理是否合理，对不合理的地方提出建议，并将结果和建议填写于表 2-2-1 中。

**表 2-2-1 危险化学品贮存室常规管理建议**

| 项目 | 有 | 无 | 建议 |
|---|---|---|---|
| 有无提醒标志 | | | |
| 有无使用记录 | | | |
| 是否通风、干燥、避光 | | | |
| 管理员工作有无问题 | | | |

## 四、实训评价

请学生和教师根据实训评价内容进行学生自评和教师评价，并根据评分标准将对应的得分填写于表 2-2-2 中。

**表 2-2-2 化学药品安全常识实训评价表**

| 评价内容 | 评分标准/分 | 学生自评/分 | 教师评价/分 | 得分/分 |
|---|---|---|---|---|
| 知道一般化学药品的存放常识 | 20 | | | |
| 了解危险化学品的贮存方式及要求 | 20 | | | |
| 知道危险化学品的日常管理规定 | 10 | | | |
| 总计/分 | | | | |

实训三　废弃物处理常识

## 一、实训目的

① 了解化学实验室废弃物的主要类别。

② 掌握化学实验室废弃物的处理方法。

③ 学会查阅相应实验室废弃物的排放标准。

## 二、实训知识

化学实验室的废弃物主要指实验中产生的废气、废液和废渣（简称"三废"）。为了防止环境污染，保证实验室内人员的健康，排放的废弃物应符合有关规章制度的要求。

**1. 废气处理**

废气处理，主要是对那些实验中产生的危害健康和环境的气体进行处理，如一氧化碳、氨、氯化氢、氟化物气体等。一般产生有害气体的实验都是在通风橱内完成的，操作者只要做好防护工作就不会受到任何伤害。在实验过程中所产生的少量危害性气体可直接通过排风设备排到室外，因为少量的危害性气体在大气中通过稀释和扩散等作用，危害能力会大大降低。但对于大量的高浓度废气，在排放之前必须进行预处理，使排放的废气达到国家规定的排放标准。

化学实验室对废气预处理最常用的方法是吸收法，即根据被吸收气体组分的性质，选择合适的吸收剂。例如，氯化氢气体可用氢氧化钠溶液吸收，二氧化氮气体可用水吸收，氨可被水或酸吸收，氟化物、氰化物、溴、酚等均可被氢氧化钠溶液吸收，硝基苯可被乙醇吸收，等等。除吸收法外，常用的预处理方法还有吸附法、氧化法、分解法等。

**2. 废液处理**

**（1）废液处理的依据**

在废液排放之前，首先应了解废液的成分及浓度，再依据 GB 8978—1996《污水综合排放标准》中的第一类污染物（对人体健康产生长远不良影响的污染物）的最高允许排放浓度和第二类污染物（对人体健康产生长远影响小于第一类污染物）的最高允许排放浓度的规定，决定如何对废液进行处置。

**（2）废液处理的方法**

化学实验室常用以下几种废液处理方法。

① 无机酸类：可将废酸缓慢地倒入过量的碱溶液中，边倒边搅拌，然后用大量水冲洗排放。

② 无机碱类：可采用稀废酸中和的方法，中和后再用大量水冲洗排放。

③ 含六价铬的废液：可采用先还原后沉淀的方法，在 pH 值小于 3 条件下，向废液中加入固体亚硫酸钠至溶液由黄色变成绿色为止，再向此溶液中加入 pH 值为 5 的 NaOH 溶液，调节 pH 值至 7.5～8.5，分离沉淀，上层液再用二苯基碳酰二肼试剂检查是否有铬，确证不含铬后才能排放。

④ 含砷废液：采用氢氧化物共沉淀法，向废液中加入氢氧化钙，再向废液中加入 $FeCl_3$，在 pH 值为 7～10 条件下，使其生成沉淀，放置过夜。分离沉淀，检查上层液不含砷后，废液再经中和后即可排放。

⑤ 含锑、铋等离子的废液：采用硫化物沉淀法，向废液中加入硫代乙酰胺至沉淀完全。检查上层液不含锑、铋后，废液经中和后可排放。

⑥ 含氰化物废液：采用分解法，在 pH 值大于 10 条件下，加入过量的 3% $KMnO_4$ 溶液，使氰基分解为 $N_2$ 和 $CO_2$；如氰离子含量高，可加入过量的次氯酸钙和氢氧化钠溶液。检查废液中不含氰离子后可排放。

⑦ 含铅、镉的废液：采用氢氧化物共沉淀法，向废液中加入氢氧化钙使 pH 值调节至 8～10，再加入硫酸亚铁，充分搅拌后放置，此时 $Pb^{2+}$ 和 $Cd^{2+}$ 与 $Fe(OH)_3$ 生成沉淀，检查上层液中不含有 $Pb^{2+}$ 和 $Cd^{2+}$ 时，把废液中和后即可排放。

⑧ 含重金属的废液：采用氢氧化物共沉淀法，向废液中加入氢氧化钙使 pH 值调节至 9～10，再加入 $FeCl_3$，充分搅拌，放置后，过滤沉淀。检查滤液不含重金属离子后，再将废液中和排放。

⑨ 含酚废液：高浓度的酚可用乙酸丁酯萃取，蒸馏回收；低浓度含酚废液可加入次氯酸钠使酚氧化为 $CO_2$ 和 $H_2O$。

⑩ 混合废液：调节废液（不含氰化物）的 pH 值为 3～4，加入铁粉，搅拌 0.5h，再用碱调节 pH 值约为 9，继续搅拌，加入高分子絮凝剂，上清液可排放，沉淀物按废渣处理。

⑪ 可燃性有机物的废液：用焚烧法处理。焚烧炉的设计要确保安全，保证充分燃烧，并设洗涤器，以除去燃烧后产生的有害气体，如 $SO_2$、$H_2S$、$NO_2$ 等。

⑫ 汞及含汞盐废液：不慎将汞散落或打破压力计、温度计，在散落过汞的地面、实验台上应撒硫黄粉或喷 20% $FeCl_3$ 水溶液，干后再清扫干净。含汞盐的废液可先调节 pH 值至 8～10，加入过量的 $Na_2S$，再加入 $FeSO_4$ 搅拌，使 $Hg^{2+}$ 与 $Fe^{3+}$ 共同生成硫化物沉淀。检查上层液不含汞后可排放。

### 3. 废渣处理

废弃的有害固体药品或反应中得到的沉淀必须进行处理才能排放。废渣处理的方法是先解毒后深埋，首先根据废渣的性质，选择合适的化学方法或通过高温分解的方式等，使废渣的毒性减小到最低限度，然后将处理过的废渣深埋。

## 三、实训操作

① 对现有实验室的废弃物进行分类，准备相应的废弃物处理容器，并对容器贴标签，规范入库，将相应内容填写于表 2-3-1 中。

表 2-3-1 实验室现有废弃物的分类

| 废弃物类别 | 处理容器 | 粘贴标签 | 规范入库 |
|---|---|---|---|
| | | | |
| | | | |
| | | | |
| | | | |
| | | | |
| | | | |

② 针对实验室现有的废液选择合适的处理方案，并进行预处理和入库操作，将相应内容填写于表 2-3-2 中。

表 2-3-2 实验室现有废液的处理方案

| 废液名称 | 预处理方法 | 入库操作 |
|---|---|---|
| | | |
| | | |
| | | |
| | | |

## 四、实训评价

请学生和教师根据表 2-3-3 的实训评价内容进行学生自评和教师评价，并根据评分标准将对应的得分填写于表 2-3-3 中。

表 2-3-3　废弃物处理常识实训评价表

| 评价内容 | 评分标准/分 | 学生自评/分 | 教师评价/分 | 得分/分 |
| --- | --- | --- | --- | --- |
| 了解化学实验室废弃物的分类 | 20 | | | |
| 掌握化学实验室废弃物的处理方法 | 15 | | | |
| 知道化学实验室废弃物的预处理和回收方法 | 15 | | | |
| 总计/分 | | | | |

# 实训四 一般伤害处理常识

## 一、实训目的

① 掌握一般伤害的应急处理方法。

② 掌握化学烧伤的处理方法。

③ 掌握化学试剂溅入眼中的处理方法。

## 二、实训知识

### 1. 一般伤害的应急处理方法

**（1）割伤**

首先用消毒棉棒或纱布把伤口清理干净，小心取出伤口中的固体物，若伤口较脏可用3%双氧水擦洗或将碘酒涂在伤口的周围。若伤口比较严重，出血较多时，可在伤口上部扎上止血带，用消毒纱布盖住伤口，立即送医院治疗。

**（2）一般烫伤和烧伤**

轻度的烫伤或烧伤，可用3%～5%高锰酸钾溶液擦伤处至皮肤变为棕色，然后涂上烫伤药膏。较严重的烫伤或烧伤，不要弄破水泡，以防感染，要用消毒纱布轻轻包扎伤处立即送医院治疗。

### 2. 化学烧伤的处理方法

化学烧伤与一般的烧伤、烫伤不同，其特殊性在于：即使脱离了致伤源，但如果不立即把附在人体上的腐蚀物除去，这些物质仍会继续腐蚀皮肤和组织。腐蚀物与人体接触的时间越长、浓度越高，烧伤也越严重。

干石灰或浓硫酸烧伤时，不得先用水冲洗，因为它们遇水反应会放出大量的热，加重伤势。可先中和后用干布（纱布或棉布）擦拭干净，再用清水冲洗。

氢氟酸烧伤时，要引起足够的重视。氢氟酸不仅能腐蚀皮肤组织和器官，而且能腐蚀骨骼。万一被氢氟酸烧伤，应立即用大量水冲洗，避免冲到正常皮肤处。然后涂上烧伤药膏。

如完全可以确定是酸（碱）类化学烧伤，可用低浓度的弱碱（弱酸）进行中和处理。酸性烧伤可用2%的碳酸氢钠（即小苏打）溶液冲洗；碱性烧伤可用2%醋酸溶液或2%的硼酸溶液冲洗。烧伤严重者送医院诊治。

热沥青烧伤时，千万不能用手去揭已沾在皮肤上的沥青，否则会加重创面皮肤的损伤。可用棉花或纱布沾上二甲苯或氯仿，轻轻擦拭清除沾在皮肤上的沥青。擦干净后，再涂上烧伤药膏。使用氯仿时要注意不宜过多，以防止引起局部麻醉。

### 3. 化学试剂溅入眼中的处理方法

① 立即睁大眼睛，用流动清水反复冲洗，边冲洗边转动眼球，冲洗时水流不宜正

对角膜方向。冲洗时间一般不得少于 15min。

②　若是固体化学物质落入眼内，应及时取出，切勿用手揉动。

③　若无冲洗设备或无他人协助冲洗，可将头浸入脸盆或水桶中，努力睁大眼睛（或用手拉开眼皮），浸泡十几分钟，同样可达到冲洗的目的。若双眼同时受伤，必须同时冲洗。冲洗完毕，盖上干净的纱布，速去医院做进一步处理，并切记不要紧闭双眼，不要用手揉眼睛。

## 三、实训操作

开展化学实验室应急处理演练。要求学生提前分组做好应急演练方案，排练应急预案，现场进行演练，并将演练结果按照表 2-4-1 的要求填写于表中。

表 2-4-1 化学实验室应急处理演练

| 组别 | 演练方案 | 应急预案 | 处理是否恰当 | 存在问题 | 整改措施 |
|---|---|---|---|---|---|
| | | | | | |
| | | | | | |
| | | | | | |
| | | | | | |
| | | | | | |

## 四、实训评价

请学生和教师根据表 2-4-2 的实训评价内容进行学生自评和教师评价，并根据评分标准将对应的得分填写于表 2-4-2 中。

表 2-4-2 化学实验室一般伤害处理常识实训评价表

| 评价内容 | 评分标准/分 | 学生自评/分 | 教师评价/分 | 得分/分 |
|---|---|---|---|---|
| 掌握割伤、烫伤、烧伤的应急处理方法 | 20 | | | |
| 掌握化学烧伤的处理方法 | 15 | | | |
| 掌握化学试剂溅入眼中的处理方法 | 15 | | | |
| 总计/分 | | | | |

# 模块三  化学实验室基础认识

## 实训一  认识化学实验室常用器皿

### 一、实训目的

① 初步了解化学实验器皿的分类。

② 了解化学实验室常用器皿的名称、规格、用途和注意事项。

③ 能根据实验选用实验器皿，并进行检查和摆放。

### 二、实训知识

**(1) 玻璃类器皿**

玻璃类器皿包括容器类、量器类和其他器皿类。

容器类器皿包括烧杯、锥形瓶、烧瓶等。根据是否可以加热，又分为可加热器皿和不可加热器皿。

量器类器皿包括量筒、量杯、移液管、滴定管、容量瓶等。量器类器皿为精密器皿，不能加热。

其他器皿类有滴管、漏斗、标准磨口玻璃仪器、冷凝管、蒸馏头、尾接管、色谱分离柱、干燥器等。

标准磨口玻璃仪器是根据国际通用技术标准制造的具有标准内磨口和外磨口的玻璃仪器，多用于有机实验。常用的磨口是锥形标准磨口。标准磨口可以根据需要制成不同的大小。常用锥体大端直径最接近的整数表示标准磨口的系列编号。常用的标准磨口系列见表 3-1-1。

表 3-1-1  常用标准磨口玻璃仪器的磨口系列

| 系列编号 | 10 | 12 | 14 | 19 | 24 | 29 | 34 |
|---|---|---|---|---|---|---|---|
| 大端直径/mm | 10.0 | 12.5 | 14.5 | 18.8 | 24.0 | 29.2 | 34.5 |

常用 $D/H$ 表示标准磨口的规格，如 14/23，即大端直径为 14.5mm，锥体长度为 23mm。使用标准磨口玻璃仪器应注意以下事项。

① 磨口必须干燥、洁净，不能沾有固体杂质。

② 安装实验装置时，要根据安装顺序正确安装，磨口连接处不应有应力。

③ 使用完立即拆卸并洗净、干燥，避免发生粘连。

常用玻璃器皿的名称、规格、用途和注意事项见表 3-1-2。

表 3-1-2　常用玻璃器皿名称、规格、用途和注意事项

| 序号 | 名称及图示 | 规格 | 用途 | 注意事项 |
|---|---|---|---|---|
| 1 | 烧杯 | 根据体积分为一般型、高型、无刻度型和微型（体积≤10mL）等 | ① 配制溶液、溶解固体试剂<br>② 少量无机反应或有机反应容器<br>③ 水浴反应容器 | ① 溶液需要搅拌，并严格按照溶液的配制步骤进行<br>② 用于加热反应时，需擦干外壁水分，并放在石棉网上进行加热 |
| 2 | 试管 | ① 试管分普通试管、离心试管等<br>② 普通试管有平口、翻口、有刻度、无刻度、有支管、无支管、具塞、无塞等种类。离心试管也分有刻度和无刻度<br>③ 一般无刻度的试管以试管直径×长度表示其规格，有刻度的则以容积(mL)表示<br>④ 用于放置试管的试管架有金属试管架和木质试管架 | ① 少量试剂的反应容器<br>② 收集少量气体<br>③ 离心试管用于沉淀分离 | ① 普通试管可直接用火焰加热，其中，硬质普通试管可加热至高温，但不能骤冷<br>② 离心试管只能水浴加热<br>③ 反应的试剂不能超过试管容积的1/2。加热的试剂不能超过试管容积的1/3<br>④ 加热前试管外壁不得有水珠。加热液体时，用试管夹夹住试管上管口，管口不能对人，试管与桌面呈45°夹角。加热过程中，要不断振荡，使试管内部溶液受热均匀。加热固体时，管口要略向下倾斜 |
| 3 | 锥形瓶 | 分为具塞、无塞等。规格以容积(mL)表示 | ① 反应容器，可减少液体大量蒸发<br>② 化学分析滴定容器，方便操作和观察现象 | 反应或滴定时，溶液不宜超过容积的1/3 |
| 4 | 碘量瓶 | 具有配套的磨口塞，规格以容积(mL)表示 | 与锥形瓶用法相同，用作易升华的固体或液体的反应容器 | 同锥形瓶 |
| 5 | 烧瓶 | 分为圆底、平底，长颈、短颈，圆形、梨形，单口、两口、三口，磨口等种类，规格以容积(mL)表示 | ① 常用作常温或加热条件下的反应容器<br>② 受热面积大，作为液体蒸馏容器。其中，圆底的耐压，平底的不耐压，平底的不能用于减压蒸馏<br>③ 多口烧瓶可装配温度计、蒸馏头、加料装置等 | ① 盛装反应液，盛装容积不宜太小，也不宜超过烧瓶容积的2/3<br>② 加热前，擦干外壁的水渍，平底烧瓶可放在石棉网上加热，圆底烧瓶可用电加热套或水浴进行加热 |

续表

| 序号 | 名称及图示 | 规格 | 用途 | 注意事项 |
|---|---|---|---|---|
| 6 | 试剂瓶  | 分为广口、细口、磨口、非磨口、透明色、棕色等，规格以容积(mL)表示 | ① 广口试剂瓶放置固体试剂，细口试剂瓶放置液体试剂或贮存溶液 ② 透明试剂瓶贮存化学性质稳定的溶液或试剂，棕色试剂瓶存放化学性质不稳定的试剂或溶液 | ① 不可加热 ② 塞子专用，取下的塞子要朝上放置。盛装碱液要用橡胶塞或软木塞 ③ 试剂瓶要贴标签使用，倾倒试剂时标签要对着手心 |
| 7 | 比色管 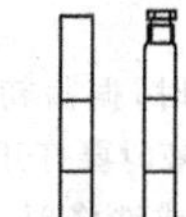 | 无色优质玻璃制成。规格以刻度环线指示容积(mL)表示 | 常用于目视比色法，用于比较不同浓度溶液的颜色深浅 | ① 比色管不能加热 ② 比色时，选用质量、口径、厚薄、形状完全相同的比色管，最好放在白色背景上比色 |
| 8 | 滴瓶、滴管  | 滴瓶分为透明和棕色两种，滴管配有橡胶帽。滴瓶和滴管的规格以容积(mL)表示 | 用于盛放溶液或液体试剂 | ① 滴管专用，使用时不能吸太满，也不能倒置，液体不能进橡胶帽 ② 滴管管尖要自然垂直，管尖不得接触器内壁，更不能插入其他试剂中 |
| 9 | 称量瓶  | 分为高型和扁型两种。规格以外径(mm)×高(mm)表示 | ① 用于称量固体试剂 ② 用于测定物质的水分 | ① 称量瓶与瓶盖配套使用，不得互换，不能直接用火加热 ② 戴棉线手套取用，或用纸条，不得用手直接接触取用 ③ 不用时，洗净并在磨口处垫上纸条 |
| 10 | 表面皿  | 凹面为透明玻璃材质，规格以直径(cm)表示 | 用于盖在烧杯、蒸发皿等敞口玻璃仪器上，防止液体飞溅或落入灰尘，也可用于称取化学性质稳定的固体药品 | ① 不能用火直接加热 ② 当盖使用时，尽量选比要盖容器口径大的表面皿 ③ 当称量容器使用时，要洗净干燥 |
| 11 | 培养皿  | 一般用透明玻璃或塑料材质，一套培养皿由皿底和皿盖组成。规格以皿盖外径(cm)表示 | ① 存放固体药品 ② 培养菌种 | ① 不能直接加热 ② 可用于固体样品的干燥 |
| 12 | 漏斗 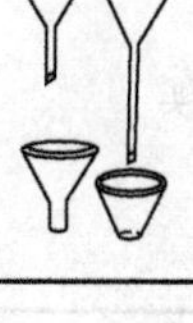 | 分为长颈、短颈、粗颈、无颈等种类。规格以斗颈(mm)表示 | ① 用于过滤 ② 辅助液体导入小口容器中，其中固体试剂可用粗颈漏斗 ③ 长颈漏斗装配气体发生器，作加液用 | ① 不能直接加热，且用于过滤的溶液不能太热 ② 过滤时，漏斗颈尖要紧贴承接容器的内壁 ③ 长颈漏斗在作加液用时要插入液面以下 |

| 序号 | 名称及图示 | 规格 | 用途 | 注意事项 |
|---|---|---|---|---|
| 13 | 抽滤瓶、布氏漏斗、吸滤管  | 布氏漏斗多为瓷质,规格以直径(cm)表示;抽滤瓶以容积(mL)表示;吸滤管以直径(mm)×管长(mm)表示 | 进行减压过滤 | ① 不能直接加热<br>② 漏斗和抽滤瓶要配套使用,滤纸直径要略小于漏斗内径<br>③ 抽滤系统工作前要先抽气,结束时,要先断开抽气管与滤瓶的连接处再停止抽气,以防液体倒吸 |
| 14 | 分液、滴液漏斗 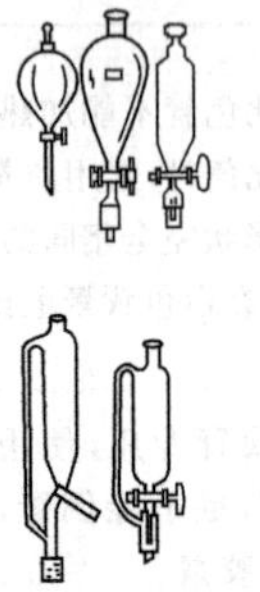 | 分为球形、梨形、筒形等类别。规格以容积(mL)表示 | ① 用于互不相溶液体的分离<br>② 在气体发生器中作加液用<br>③ 用于洗涤和萃取液体<br>④ 作反应器的加液装置 | ① 不能直接加热<br>② 具塞漏斗塞子不得互换使用<br>③ 萃取时,振荡初期要注意放气,放液时要打开塞子<br>④ 萃取或洗涤时,上层液体从上口排出,下层液体从下口排出。恒压滴液漏斗的恒压管要置于漏斗上侧 |
| 15 | 冷凝管 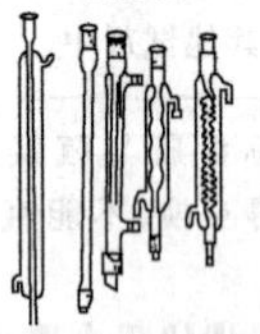 | 分为直形、球形、蛇形、空气冷凝管等多种。规格以外套管长(cm)表示 | 在蒸馏装置中作冷却装置。其中,球形冷凝管冷却面积大,适用于加热回流。沸点高于140℃的液体蒸馏,可用空气冷凝管 | ① 应保证冷凝管与整套装置的配套性<br>② 安装时,先装冷却水胶管,再装其他设备。冷却水下进上出,开始进水时,水流不能太大 |
| 16 | 蒸馏头、加料管 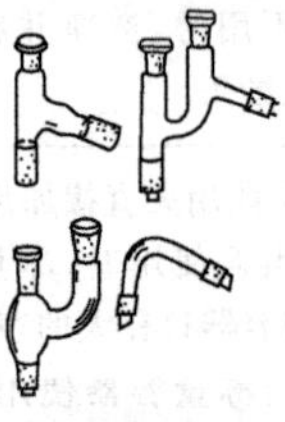 | 标准磨口仪器。规格例如24/29,24 表示磨砂口直径为24mm,即锥体大端直径,29表示轴向长度为29mm,即磨砂面长度 | 用于蒸馏,与温度计、蒸馏瓶、冷凝管连接 | ① 磨口必须洁净,一般不需要涂润滑剂<br>② 用后立即拆解清洗干净,否则容易粘连无法拆开 |
| 17 | 尾接管 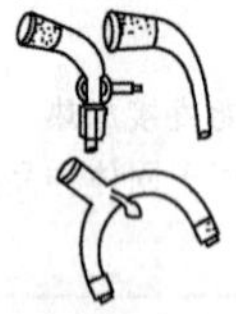 | 标准磨口仪器,有单尾和双尾两种。规格同蒸馏头 | 承接蒸馏出来的冷凝液体 | 同蒸馏头 |
| 18 | 接头和塞子 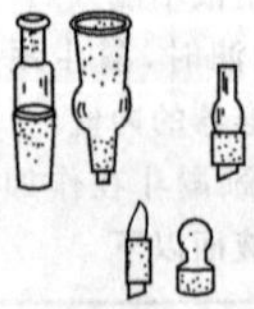 | 标准磨口仪器 | 连接不同规格的磨口或用作塞子 | 同蒸馏头 |

| 序号 | 名称及图示 | 规格 | 用途 | 注意事项 |
|---|---|---|---|---|
| 19 | 干燥管 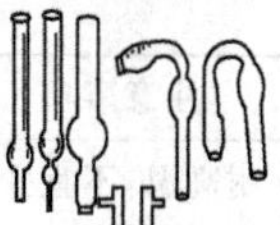 | 有直形、弯形、U 形等,规格按大小区分 | 盛干燥剂、干燥气体 | ① 干燥剂置于球形部分,U 形的置于管中,在干燥剂上方填充少量玻璃棉<br>② 两端大小不同,大头进气,小头出气 |
| 20 | 干燥器 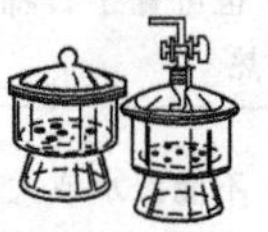 | 分为普通干燥器和真空干燥器两种。规格以内径(cm)表示 | ① 存放试剂,防止吸潮<br>② 灼烧过的坩埚可放在其中进行干燥 | ① 放入干燥器物品的温度不能太高<br>② 干燥剂变色要及时更换。使用时,干燥器盖子要滑动取用,以防掉落打碎<br>③ 真空干燥器接真空系统,抽空空气,干燥效果更佳 |
| 21 | 洗瓶 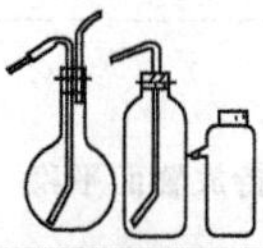 | 有玻璃和塑料两种,规格以容积(mL)表示 | 洗涤容器、实验使用等 | ① 只能装蒸馏水或离子交换水,并有标签指示<br>② 不得装试剂使用 |
| 22 | 量筒和量杯 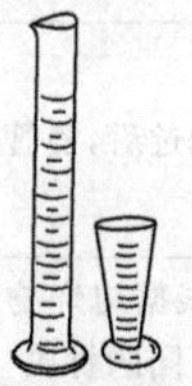 | 量杯上口大、下口小,有具塞、无塞等种类,规格以最大量度容积(mL)表示 | 粗略量取一定体积的液体 | ① 不能加热,也不能量取热的液体<br>② 不能用于反应、稀释、混合等操作<br>③ 量取体积时凹液面要与视线平齐 |
| 23 | 移液管和吸量管 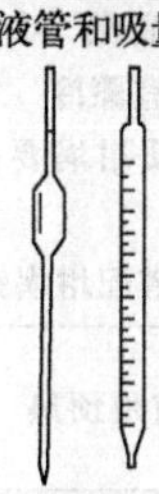 | 规格以最大量度容积(mL)表示 | 准确量取一定体积的液体 | ① 不可加热,也不可量取热的液体,测量精度严重受温度影响<br>② 用后需要立即清洗干净 |
| 24 | 容量瓶 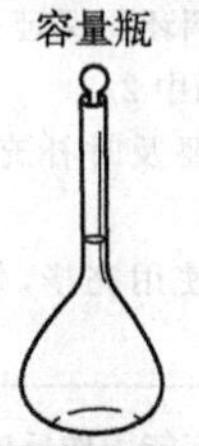 | 有透明和棕色两种,塞子是配套的磨口塞,也有塑料塞,有量入式和量出式之分。规格以刻线所示的容积(mL)表示 | 用于配制准确浓度的溶液 | ① 不可加热,也不可配制热的溶液,测量精度严重受温度影响<br>② 用后需要立即清洗干净 |
| 25 | 滴定管 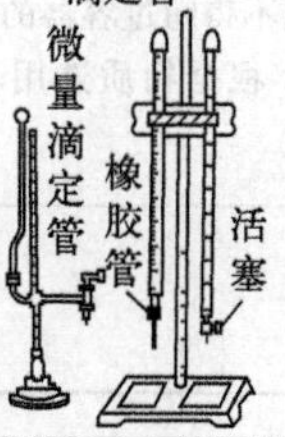<br>微量滴定管　橡胶管　活塞 | 玻璃材质的分为酸式滴定管和碱式滴定管,聚四氟乙烯材质的没有酸碱之分。规格以最大量度容积(mL)表示 | ① 用于准确测定液体的体积<br>② 用于滴定分析 | ① 不可加热,也不可配制热的溶液,测量精度严重受温度影响<br>② 用后需要立即清洗干净 |

### （2）常用其他器皿

常用其他器皿的名称、规格、用途和注意事项等详见表 3-1-3。

表 3-1-3　常用其他器皿的名称、规格、用途和注意事项

| 序号 | 名称及图示 | 规格 | 用途 | 注意事项 |
|---|---|---|---|---|
| 1 | 蒸发皿 | 有陶瓷、石英、铂等制品；规格以上口径(mm)或容积(mL)表示 | 蒸发或浓缩溶液 | ① 耐高温，不宜骤冷<br>② 放在铁环上直接用火加热，需在小火预热后再提高加热强度<br>③ 也可置于石棉网上间接加热 |
| 2 | 石棉网 | 由铁丝编成，中间涂上石棉层，根据石棉层的直径区分大小 | 放置受热容器，使加热均匀 | ① 不能浸水或大力扭拉<br>② 石棉致癌，使用时要做好防护 |
| 3 | 三脚架 | 根据三脚架上口直径有大小之分 | 放置加热容器 | 保持放置面平稳 |
| 4 | 泥三角 | 由铁丝编成，上套耐热瓷管，有大小之分 | 放置小坩埚和小蒸发皿，用于加热 | 灼烧过后，瓷管不宜沾水 |
| 5 | 坩埚 | 规格以容积(mL)表示 | 熔融或灼烧固体用 | ① 根据灼烧物质的性质选用不同的材质<br>② 耐高温，可直接用火加热，不宜骤冷<br>③ 铂质坩埚要按说明使用<br>④ 常搭配坩埚钳使用 |
| 6 | 坩埚钳 | 有铁或铜合金等材质，表面镀铬 | 用于夹起高温下的坩埚或坩埚盖 | 使用前须预热 |
| 7 | 水浴锅 | —— | 用水加热的设备 | ① 圈环要保证受热容器浸入锅中 2/3<br>② 要及时补充水，防止干烧<br>③ 使用完毕，倒出水并擦干 |
| 8 | 研钵 | 有玻璃、陶瓷、玛瑙等制品，以上口径表示不同规格 | 混合、研磨固体物质 | ① 不能用作反应器，固体物质不得超过容器的1/3<br>② 根据物质选用不同的材质 |
| 9 | 点滴板 | 上釉瓷板，有黑白两种 | 进行少量点滴反应，观察颜色或沉淀 | —— |

续表

| 序号 | 名称及图示 | 规格 | 用途 | 注意事项 |
|---|---|---|---|---|
| 10 | 药匙  | 有牛角骨、塑料、不锈钢等材质<br>根据药匙口径或药匙把长短分不同规格 | 移取固体试剂 | ① 根据取用的试剂量选用不同规格的药匙<br>② 用完要及时洗净、擦拭 |
| 11 | 毛刷  | 有试管刷、滴定管刷和烧杯刷等 | 洗刷仪器 | ① 毛不耐碱,不能浸泡在碱液中<br>② 洗刷仪器时不能太用力,以防尖端的铁丝捅破仪器 |
| 12 | 铁架台、铁圈、虎头夹、十字夹 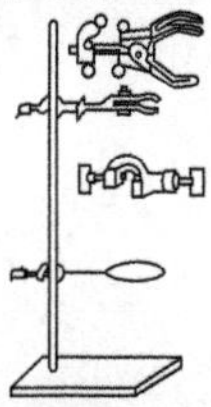 | 铁架台规格用高度表示<br>铁圈规格用直径表示<br>铁夹又称自由夹,有十字夹、虎头夹、蝴蝶夹等 | 固定仪器或放置容器 | ① 固定仪器时,应使装置的重心落在底座上,不可失衡<br>② 夹持仪器不宜过紧或过松,以保持仪器不转动为宜 |
| 13 | 试管夹 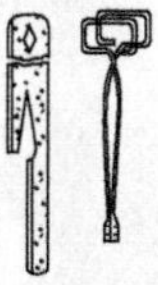 | —— | 夹在试管的 1/3 处进行加热 | ① 手持夹子时,拇指不能按在管夹的活动部分<br>② 从试管底部套上或取下<br>③ 试管口不得对准人员 |
| 14 | 夹子  | 分弹簧夹和螺旋夹两种 | 夹在胶管上开通和关闭通路或控制调节流量 | —— |

## 三、实训操作

识别实验室仪器，并将实验仪器的作用填写于表 3-1-4 中。

表 3-1-4　实验仪器的作用

| 类型 | 实验仪器及其作用 |
|---|---|
| 常用玻璃仪器 | 容量瓶：<br><br>滴定管：<br><br>试剂瓶：<br><br>吸量管：<br><br>移液管：<br><br>量筒：<br><br>量杯：<br><br>蒸馏头：<br><br>尾接管：<br><br>抽滤瓶：<br><br>分液漏斗： |
| 常用其他仪器 | 坩埚：<br><br>表面皿：<br><br>蒸发皿：<br><br>研钵：<br><br>虎头夹：<br><br>十字夹： |

参考图 3-1-1 和图 3-1-2，将实验室相关实验仪器规格和型号等填写在表 3-1-5 中。

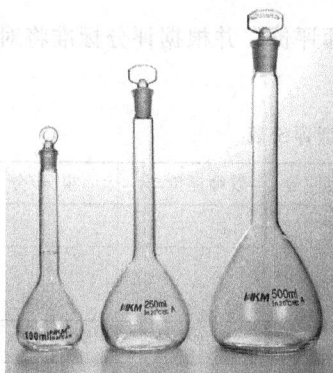

图 3-1-1　实验图（1）

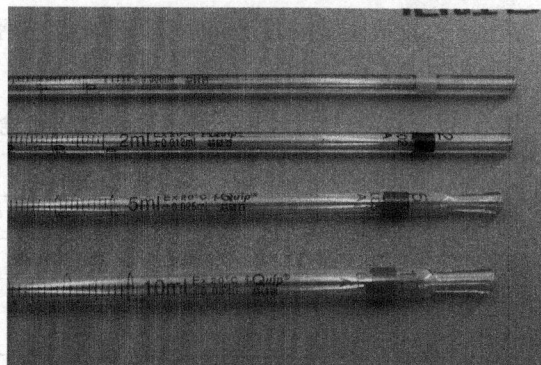

图 3-1-2　实验图（2）

表 3-1-5　实验仪器的规格和型号

| 实验仪器名称 | 厂家 | 规格 | 用途 |
|---|---|---|---|
|  |  |  |  |
|  |  |  |  |
|  |  |  |  |
|  |  |  |  |
|  |  |  |  |
|  |  |  |  |

将以下给定的实验仪器合理摆放在实验工位上：

50mL 烧杯 1 只，100mL 容量瓶 1 只，25mL 吸量管 1 支，废液缸 1 只，洗耳球 1 只，50mL 量筒 1 只，铁架台 1 套，以及滴定管 1 支。

## 四、实训评价

　　请学生和教师根据实训评价内容进行学生自评和教师评价，并根据评分标准将对应的得分填写于表 3-1-6 中。

**表 3-1-6　认识化学实验室常用器皿实训评价表**

| 评价内容 | 评分标准/分 | 学生自评/分 | 教师评价/分 | 得分/分 |
| --- | --- | --- | --- | --- |
| 初步了解化学实验器皿的分类 | 10 | | | |
| 了解化学实验室常用器皿的名称、规格、用途和注意事项 | 15 | | | |
| 能根据实验选用实验器皿和正确摆放实验器皿 | 15 | | | |
| 树立爱护实验室器皿的意识 | 10 | | | |
| 总计/分 | | | | |

## 实训二　认识化学试剂

### 一、实训目的

① 掌握化学试剂的规格和适用范围。

② 解读化学试剂的标签。

③ 了解化学试剂的合理选择方法和安全保管注意事项。

④ 掌握化学试剂的正确取用。

### 二、实训知识

化学试剂是化学实验室中必不可少的具有一定纯度标准的单质和化合物，它的种类繁多，在化学实验中应根据实验要求合理选择、正确取用、安全保管、规范使用、适时更换。

#### 1. 化学试剂的规格

##### （1）化学试剂分级

根据国家标准，一般化学试剂依据纯度和杂质含量的高低可分为四级，其规格及适用范围见表 3-2-1。

表 3-2-1　化学试剂的分级

| 试剂级别 | 优级纯试剂<br>（G. R.） | 分析纯试剂<br>（A. R.） | 化学纯试剂<br>（C. P.） | 实验纯试剂<br>（L. R.） |
|---|---|---|---|---|
|  | 一级 | 二级 | 三级 | 四级 |
| 标签颜色 | 绿色 | 红色 | 蓝色 | 棕色或黄色 |
| 适用范围 | 用于重要、精密的化学分析 | 用于一般分析测试 | 用于精度要求不高的分析测试 | 用于一般性的化学实验及教学 |

##### （2）几种常用化学试剂

① 基准试剂：试剂瓶标注含量为 99.99%，纯度很高，可用于直接配制标准溶液，常用于标定标准溶液。

② 色谱纯试剂：是指进行色谱分析时使用的标准试剂，在色谱条件下只出现指定化合物的峰，不出现杂质峰。

③ 光谱纯试剂：是指经光谱法分析过的、纯度非常高的试剂。光谱纯试剂纯度标准是以光谱分析时出现的干扰谱线的数目及强度来衡量的。

④ 生化试剂：主要用于有关生命科学研究的试剂，包括临床诊断、医学研究用的试剂。

##### （3）危险试剂

危险试剂是具有燃烧性、爆炸性、毒害性、腐蚀性或放射性的危险化学品。危险试剂在采购、保管和使用过程中，必须严格遵照国家的有关规定。

### （4）国家管制类化学试剂

国家管制类化学试剂分为易制爆管制试剂和易制毒管制试剂。国家明确要求相关企事业单位及销售人员的责任和义务，严格落实购买实名登记制度，并要求购买人在购买时出示相关证件，在国家管理平台备案。运输方需具备运输资质，供货方需提供允许销售资质等。

### 2. 化学试剂的选用

化学试剂的纯度越高，价格越高。应根据实验需求按需取用，本着节约的原则，合理选用化学试剂，不可盲目追求高纯度而过度浪费，也不能降低试剂纯度或替换化学试剂而影响测定结果的准确度。在能满足不同需求的情况下，尽量选用价位较低的化学试剂。

按照规定，试剂瓶的标签上应标有试剂的中英文名称、化学式、分子量、试剂级别、技术规格、产品标准号、生产许可证号、生产批号、生产厂家、基本物理化学性质、杂质成分及含量，危险化学品还应有相应标志，如图3-2-1所示。

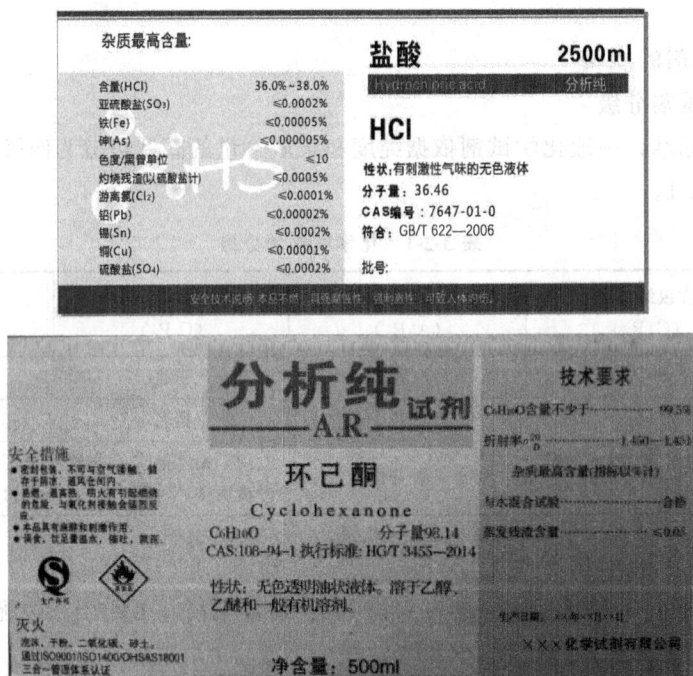

图 3-2-1　化学试剂标签示例

### 3. 化学试剂的取用

#### （1）固体化学试剂的取用

固体化学试剂一般盛放在易于取用的广口试剂瓶中。用量小但使用频繁的固体试剂，如固体指示剂等可盛放在小广口试剂瓶中。

固体化学试剂要用干燥、洁净的药匙取用。药匙有很多样式和类型，一般药匙为一个匙和两个匙，如图3-2-2所示。两个匙的药匙两端一般为一大一小，较多试剂的取用用大匙，少量试剂的取用用小匙。基础实验一般用小匙添加化学试剂。药匙一般专匙专用，用过的药匙要及时洗净晾干并存放在干净的器皿中。

往试管特别是未干燥的试管中加粉末试剂时，可将试管倾斜至近水平，药品放在药匙里或干净光滑的纸槽中，伸进试管约 2/3 处直立试管和药匙或纸槽，让药品尽量全部落到试管底部，如图 3-2-3 所示。

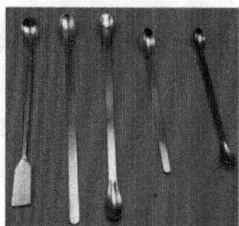

图 3-2-2 药匙

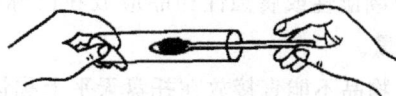

图 3-2-3 用药匙往试管里倒入粉末试剂

往试管特别是未干燥的试管中加颗粒或块状药品时，将试管水平放置，先用镊子把颗粒试剂放入试管口，再把试管慢慢地立起来，使试剂沿管壁缓缓滑到底部。不可垂直悬空投入，容易击破试管底部。颗粒较大的试剂，放入干燥、洁净的研钵中研碎使用，研钵中的固体量不得超过研钵的 1/3，如图 3-2-4 所示。

图 3-2-4 块状固体的研磨

称取一定质量的固体药品时，可根据称量要求使用托盘天平或电子天平进行称量取用。

**(2) 托盘天平的使用**

托盘天平称样量大，操作快速简便，但精确度不高，一般能精确到 0.1g，用于称量精确度要求不高的化学试剂。一般的托盘天平构造如图 3-2-5 所示。

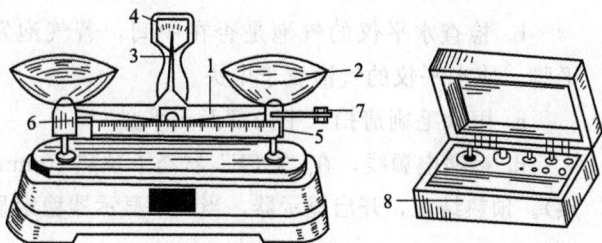

图 3-2-5 托盘天平

1—横梁；2—秤盘；3—指针；4—刻度盘；5—游码标尺；6—游码；7—调零螺母；8—砝码

① 托盘天平的操作方法。

使用前，先将游码调至最左端"0"刻度处，并观察指针的摆动情况。若指针在刻度盘左右摆动的格数几乎相等，或指针停止摆动且恰好停在刻度盘中线上时，说明天平达到平衡（此时的指针休止点叫零点），可以进行称量操作。若指针在刻度盘左右摆动的格数相差很大，需调节天平横梁右端的调零螺母至天平平衡才能使用。

称量时，要称量的物品放在左托盘，砝码放在右托盘。用砝码称量时，先放质量大的砝码，若称量臂偏向砝码端，或指针在刻度盘上偏向砝码端，说明砝码质量偏大，可换小质量砝码，依次换至合适的砝码。当指针在刻度盘上的摆动稍偏向物品端时，可用游码调节，当调节至指针在刻度盘左右两端摆动的格数几乎相等或停在零点时，称量结束。

读数时，把砝码质量和游码数值加起来的数值就是托盘中物品的质量。

② 托盘天平使用的注意事项。

a. 药品不可直接放在托盘上称量，应放在称量纸上进行称量，放了称量纸的天平要先进行调平才能进行称量。

b. 一般潮湿性或腐蚀性药品应放在已称量过的干燥、洁净容器（如表面皿、小烧杯等）中称量。

c. 热的物品不能直接放在托盘天平上称量，要冷却至室温才能进行称量。

d. 称量完毕，砝码要擦净放回砝码盒，游码退回"0"刻度，清扫托盘天平。

e. 砝码必须用镊子取放，或戴手套取放。

### (3) 电子天平的使用

现代实验室常用电子天平，其性能稳定，灵敏度高，操作简便，有的可实现超载报警、数据记忆及处理。常用于精确称量物质质量。

电子天平有普通电子天平、电子精密天平和电子分析天平等。电子精密天平一般分为 5～6 级，适用于较精密的称量，电子分析天平分为 3～4 级，主要用于化学分析检验中的精密称量。电子天平的规格较多，最大载荷从几十克至几千克不等，最小分度值可达 0.001mg。

图 3-2-6 电子天平外观

图 3-2-6 所示为电子天平外观。

电子天平一般操作步骤如下。

a. 取下天平罩。

b. 检查水平仪的气泡是否在中间，若气泡发生偏离，调节天平脚，使水平仪的气泡置于中央。

c. 用软毛刷清扫天平内部及天平盘。

d. 接通电源线，在"OFF"状态下预热 20min（根据天平要求预热）。预热结束，开启显示器，当天平显示器稳定显示"0.0000g"时才可以称量。

e. 称量时，称量物置于天平盘中央，关闭天平门，显示的数字会不断变化，直至稳定不变才能读数，该数值即为被称量物的质量，要及时记录在实验报告上。

f. 称量结束后，取出称量物，清扫天平内部和天平盘，关闭天平门，显示器显示"0.0000g"。按下"TAR"键归零，再按下"OFF"键关机。盖上天平罩，并放回毛刷，断开电源，填写使用记录单，凳子放回原位。

天平在首次安装（或环境变化、移动后）时要进行校准。校准前按照 a～d 步骤操作，按下去皮键"TAR"，待显示"0.0000g"时，按下"CAL"键，显示"CAL-200"，用镊子或戴棉线手套将 200g 的标准砝码置于天平盘中央，关闭天平门，显示器显示"200.0000g"，并发出警报声时，校准完毕，取下标准砝码，放回砝码盒中，关闭天平门，显示"0.0000g"时，说明校准成功，可进行称量操作。若不显示"0.0000g"，采用上述方法重新校准。若显示"CAL-E"，可按下"TAR"归零后重新进行操作。

电子天平使用的注意事项：

a. 电源必须是 220V 交流电，且保证天平电源有良好的接地线，一般连接稳压电源。

b. 须置于无气流、无振动、无热辐射、无腐蚀性气体的环境中。

c. 须开机预热要求的时间（不同天平详见设备说明书）。

d. 操作台一般使用防振工作台。

电子天平的称量方法有直接称量法、差减称量法（减量法、递减法）和固定质量称量法。

① 直接称量法。分为不去皮和去皮两种。

不去皮直接称量法（以烧杯的称量为例）：依照电子天平使用方法的程序，按"TAR"键，显示"0.0000g"后，用纸片或戴棉线手套裹住一只干燥、洁净的烧杯，放在天平盘上，关闭天平门，待数字稳定后读数，即为烧杯的质量，记为 $m_1$。用牛角匙或不锈钢药匙取试样置于上述烧杯中，关闭天平门，称得烧杯和试样的总质量，记为 $m_2$，两次称量质量之差（$m_2-m_1$）为该试样的质量。此方法又称为增量法。

去皮直接称量法：依照电子天平使用方法的程序，按"TAR"键，显示"0.0000g"后，用纸片或戴棉线手套裹住一只干燥、洁净的烧杯，放在天平盘上，关闭天平门，数字稳定后，按"TAR"键清零，当显示"0.0000g"时，用牛角匙或不锈钢药匙取试样放在烧杯中，关闭天平门，显示的数值即为试样的质量。

称量容器除了烧杯外，还有表面皿、坩埚、锥形瓶等，也可以用称量纸。

② 差减称量法。分为不去皮和去皮两种法。

不去皮差减称量法：以 ZnO 试样的称量为例。将适量的 ZnO 试样于 800℃±50℃干燥恒重冷却后装入干燥、洁净的称量瓶中。检查、调整天平后，按"TAR"键，显示"0.0000g"，戴棉线手套拿取称量瓶，放置在天平盘中央，关闭天平门。数字稳定后读数，即为称量瓶和 ZnO 的质量，记为 $m_1$。左手取出称量瓶，并举在烧杯上方，右手用小纸片或戴棉线手套夹住瓶盖柄，轻轻旋开瓶盖，将称量瓶缓缓向下倾斜，并用瓶盖轻轻敲击瓶口，使试样慢慢倾入烧杯内。注意，此操作要非常小心，不能把试样撒在烧杯外，也要防止试样在空气中飘浮。当倾出的试样接近所需质量时回敲，即边用瓶盖轻敲称量瓶口，边将称量瓶竖起，确保附着在称量瓶口的试样全部落入称量瓶或烧杯内，盖好称量瓶盖（瓶盖尽量不要碰到称量瓶内的试样），再将称量瓶重新放回天平盘上称量，如此反复倾样、称量几次（不得超过 3 次），直至倾出要求质量范围的试样，再称取称量瓶和剩余 ZnO 试样的质量，记为 $m_2$，称量质量之差（$m_1-m_2$）即为倾出 ZnO 试样的质量。按上述方法连续操作，称取多份试样，进行平行实验。

去皮差减称量法：按上述要求准备天平，按"TAR"键归零，显示"0.0000g"。将盛有一定质量 ZnO 的称量瓶放在天平盘上，关闭天平门，按"TAR"键归零，显示"0.0000g"，取出称量瓶，按不去皮差减法的倾样方式倾出所需的 ZnO 试样，再放回天平盘上，称取质量，数值显示负值，去掉"_"号，所得数值即为试样质量。在空气中不稳定的固体试剂（易吸水，吸收空气中的 $CO_2$、$O_2$ 等），可采用差减法称取。

③ 固定质量称量法（去皮法）。假设要称量 0.5000g ZnO，准备好天平后，按"TAR"键清零，显示"0.0000g"。将烧杯放在天平盘上，关闭天平门，数字稳定后，按"TAR"键清零，当显示"0.0000g"时，用牛角匙或不锈钢药匙取试样放在天平盘上的烧杯里，当所加试样量与固定质量相差很小时，将盛有药品的药匙伸向天平盘烧杯以上 2～3cm，药匙的另一端用拇指和食指拿稳，另一只手的食指和中指并起轻敲持有药匙的手腕，将试样少量地抖入烧杯中，直至称量质量恰好为指定质量。

**(4) 液体化学试剂的取用**

液体化学试剂需盛放在易于倒取的细口试剂瓶中。用量小但使用频繁的液体试剂，如液体指示剂等可盛放在滴瓶中。

① 从滴瓶中直接取用液体试剂。先将滴管提离液体试剂表面，用手指捏紧胶帽排出滴管中的空气，再插入液体试剂中，放松手指吸入液体试剂，滴管提离液面，垂直移至承接容器上方，试剂逐滴垂直滴下，见图 3-2-7，承接容器不得倾斜，也不可将滴管伸入承接容器或与承接容器的内壁接触，以免玷污滴管。滴管中剩余试剂可挤回原滴瓶，不能将有剩余试剂的滴管放置在滴瓶中。滴管不能倒置，更不能随意乱放于实验台面，用完应立即放回原瓶，且专管专用，以免玷污试剂。

② 用倾注法从细口瓶中取用液体试剂。试剂标签朝着手心握持，缓慢倾斜试剂瓶，试剂会沿着洁净的试管内壁流下，待取出所需用量后，先将试剂瓶口在承接容器口边停顿靠一下，再缓慢竖直试剂瓶，确保试剂瓶口的残留试剂顺着承接容器内壁流下而不沿试剂瓶外壁流下（图 3-2-8）。若承接容器是烧杯，左手拿一根洁净的玻璃棒，玻璃棒下端斜靠烧杯内壁，试剂瓶口靠在玻璃棒上端（距离烧杯口 2～3cm 即可），试剂会沿玻璃棒流入烧杯。取用试剂后，将试剂瓶口顺玻璃棒向上提一下，使瓶口残留的溶液沿着玻璃棒流入烧杯（图 3-2-9）。切记不可悬空垂直将试剂倒入试管或烧杯中。

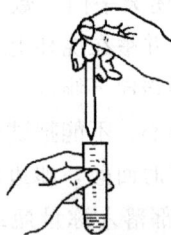
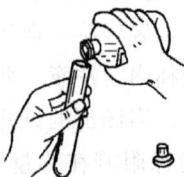

| 图 3-2-7　用滴管滴加 | 图 3-2-8　向试管中倾注 | 图 3-2-9　向烧杯中倾注 |
|---|---|---|
| 液体试剂 | 液体试剂 | 液体试剂 |

③ 定量取用液体试剂。定量取用液体试剂时，一般使用容量适当的量筒（杯）或移液管。量筒（杯）量取液体试剂可按需量取大概体积，但不能精确量取（图 3-2-10）。量取透明液体时，视线要与量筒（杯）内液体凹液面最低点水平相切读数（图 3-2-11）。对于有色不透明液体或不浸润玻璃的液体（如水银）等要看凹液面或凸液面的上部读数。

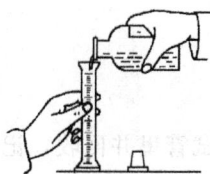

图 3-2-10　用量筒量取液体试剂　　　　图 3-2-11　量筒内液体体积的读数

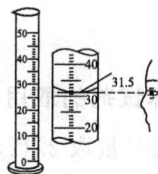

④ 估量试剂。有些化学试剂的作用是辅助试剂，在化学实验中是不可缺少的，用量不用精确控制，可不必称量或精确量取，估量即可。

对于液体试剂的估量：一般滴管的 20～25 滴约为 1mL。不同的滴管滴出的液滴体积一般不同，可用滴管将水逐滴加入干燥的量筒中，滴至 1mL 时即可求算出 1 滴液体的体积。10mL 的试管或其他容器中试液约占 1/5 时，试液约为 2mL。

对于固体试剂的估量：若要求取少量，可用药匙小头取一平匙。

**(5) 试剂取用的注意事项**

① 一般在准备实验前将化学试剂分装备用。

② 盛有试剂的试剂瓶都必须贴有标签，注明试剂名称、试剂规格、试剂制备日期和试剂浓度等。长期使用的试剂，其标签外面可用透明胶带包裹以防标签掉落或被腐蚀。

③ 在取用试剂时要注意核对试剂标签，确认无误后才能取用。试剂标签应朝向操作人员。

④ 试剂瓶的瓶盖取下后倒立置于实验桌面，切忌乱放，以免被污染。如果瓶盖不能倒立放置，可用食指和中指夹住瓶盖暂不放置，同时进行试剂取用操作，也可将瓶盖放在干燥、洁净的表面皿上，不可横置或立于实验台。倾倒试剂时标签朝向手心，以免倾倒时从试剂瓶口溢出的试剂腐蚀或浸湿标签。

⑤ 取用完试剂后要立即盖好瓶盖，切记不可盖错。试剂瓶用完要放回原处，以免影响他人使用。试剂取用后，多余的试剂不可倒入原试剂瓶中，以免污染原试剂。有回收价值的试剂可置于回收瓶中。切记不可用手直接接触化学试剂。

## 三、实训操作

### 1. 练习固体试剂的取用

① 用托盘天平量取 2.12g 固体试剂氯化钠，放到试管里并回收，记录称量的质量。

② 用分析天平采用减量法量取 1.5g 固体试剂氯化钠，称量误差范围为 $\pm0.5\%$，并记录称量质量。

③ 称取 1.5000g 氯化钠于烧杯中并回收，称量误差范围为 $\pm0.5\%$，并记录称量质量。

④ 称取 1.0000g 氧化锌于锥形瓶中并回收，称量误差范围为 $\pm0.5\%$，并记录称量质量。

⑤ 称取空烧杯的质量。

### 2. 练习液体试剂的取用

吸取 0.1mol/L 氯化钠，并逐滴加入 2mL 量杯中，记录滴至 2mL 时的总滴数。

### 3. 练习估量

估量 1mL 0.01mol/L $KMnO_4$。

## 四、实训评价

请学生和教师根据实训评价内容进行学生自评和教师评价，并根据评分标准将对应的得分填写于表 3-2-2 中。

表 3-2-2 认识化学试剂实训评价表

| 评价内容 | 评分标准/分 | 学生自评/分 | 教师评价/分 | 得分/分 |
|---|---|---|---|---|
| 掌握化学试剂的规格和适用范围 | 10 | | | |
| 解读化学试剂的标签 | 10 | | | |
| 了解化学试剂的合理选择方法和安全保管注意事项 | 10 | | | |
| 掌握化学试剂的正确取用 | 10 | | | |
| 培养节约化学试剂的职业素养 | 10 | | | |
| 总计/分 | | | | |

## 实训三　认识化学实验用水

### 一、实训目的

① 掌握化学实验用水的分类、级别、指标和用途。

② 能正确选用化学实验用水。

③ 能节约实验用水，不浪费。

### 二、实训知识

水是人们生活、生产、科研等必不可少的物质，也是化学实验室使用最广泛、使用量最大、最廉价的溶剂，可溶解大多数物质，尤其是无机化合物。

天然水由于长期与土壤、矿物质、空气等接触，不同程度地溶有无机物、有机物等杂质，因此，天然水不得直接用于化学实验，必须要进行处理，将上述杂质去除才能进行分析检验实验。

#### 1. 化学实验室用水的分类及用途

#### （1）按制备的方法分类

化学实验用水根据制备方法的不同，可分为蒸馏水、离子交换水、电渗析水、高纯水、超纯水等。化学实验用水的纯度可以用电阻率的大小衡量，电阻率越高，水越纯。

① 蒸馏水。指经过蒸馏、冷凝操作的水。水经过一次蒸馏，不挥发的组分残留在容器中被除去，挥发的组分进入蒸馏水的初始馏分中，通常只收集馏分的中间部分，约占 60%。蒸馏二次的水叫重蒸水，蒸馏三次的叫三蒸水。

② 离子交换水。用离子交换法制备的纯水称为离子交换水，如去离子水。离子交换水在现代工业中用途广泛。离子交换水的电阻率、病毒细菌等能得到良好的控制。

③ 电渗析水。利用半透膜的选择透过性分离不同溶质粒子的方法称为渗析。在电场作用下进行渗析时，溶液中的带电溶质粒子通过膜而迁移的现象称为电渗析。利用电渗析进行分离和提纯的技术称为电渗析法。利用电渗析法制得的水即为电渗析水，其电阻率为 $10^4 \sim 10^5 \Omega \cdot cm$。

④ 高纯水。指导电物质几乎全部去除，不离解的胶体物质、气体和有机物均含量很低的水，化学纯度极高。

⑤ 超纯水。指导电物质基本完全去除，不离解的胶体物质、气体及有机物基本全部去除的水，电阻率达到 $10M\Omega \cdot cm(25℃)$。

#### （2）按水的质量分类

按水的质量可以将化学实验用水分为一级水、二级水和三级水。

① 一级水：主要用于要求严格的化学实验，可以用二级水经过石英设备蒸馏或离子交换等技术处理后，再经 $0.2\mu m$ 微孔滤膜过滤来制取。

② 二级水：主要用于无机痕量分析实验，如原子吸收光谱分析、电化学分析等，

49

可用离子交换或多次蒸馏的方法制取。

③ 三级水：主要用于一般分析化学实验、无机化学实验和有机化学实验等，是最普遍的化学实验水，包括蒸馏水、离子交换水和电渗析水等。

## 2. 不同级别化学实验用水技术指标

根据 GB/T 6682—2008，化学实验用水的技术指标见表 3-3-1。

表 3-3-1　化学实验用水的技术指标

| 名称 | 一级 | 二级 | 三级 |
|---|---|---|---|
| pH 值范围(25℃) | — | — | 5.0～7.5 |
| 电导率(25℃)/(mS/m) | ≤0.01 | ≤0.10 | ≤0.50 |
| 可氧化物质含量(以 O 计)/(mg/L) | — | ≤0.08 | ≤0.4 |
| 吸光度(254nm,1cm 光程) | ≤0.001 | ≤0.01 | — |
| 蒸发残渣(105℃±2℃)/(mg/L) | — | ≤1.0 | ≤2.0 |
| 可溶性硅(以 $SiO_2$ 计)/(mg/L) | ≤0.01 | ≤0.02 | — |

注：1. 由于在一级水、二级水的纯度下，难以测定其真实的 pH 值，因此，对一级水、二级水的 pH 值范围不做规定；

2. 由于在一级水的纯度下，难以测定可氧化物质和蒸发残渣，对其限量不做规定,可用其他条件和制备方法来保证一级水的质量

化学实验用水来之不易，在化学实验中，要根据实验要求选用不同级别的纯水。在保证能完成实验的前提下，一定要节约用水。

## 三、实训操作

① 测定表 3-3-2 中所列水的电导率，并说明是否达标。

表 3-3-2　水的电导率测试

| 种类 | 水的电导率/(mS/m) | 是否达标 |
|---|---|---|
| 自来水 | | |
| 蒸馏水 | | |
| 饮用水 | | |
| 超纯水 | | |
| 离子交换水 | | |

② 请将不同实验用水对实验结果的影响填于表 3-3-3 中。

表 3-3-3　不同实验用水对实验结果的影响

| 水种类 | 测定 | |
|---|---|---|
| | 0.01mol/L 乙酸的 pH 值或电动势 | 实验结果 |
| 离子交换水 | | |
| 超纯水 | | |
| 蒸馏水 | | |

## 四、实训评价

请学生和教师根据实训评价内容进行学生自评和教师评价，并根据评分标准将对应的得分填写于表 3-3-4 中。

表 3-3-4　认识化学实验用水实训评价表

| 评价内容 | 评分标准/分 | 学生自评/分 | 教师评价/分 | 得分/分 |
|---|---|---|---|---|
| 掌握化学实验用水的分类、级别、指标和用途 | 20 | | | |
| 能正确选用化学实验用水 | 15 | | | |
| 能节约实验用水，不浪费 | 15 | | | |
| 总计/分 | | | | |

# 实训四 认识试纸和滤纸

## 一、实训目的

① 掌握试纸、滤纸的类型、技术指标和规格。
② 正确选用试纸和滤纸。
③ 树立节约滤纸和试纸的意识。

## 二、实训知识

### 1. 试纸

试纸可用于检验溶液的酸碱性或某种化合物、原子、离子的存在。其特点是操作简便，制作简易，反应灵敏。所有试纸都应当密封保存，防止被实验室中的液体、气体或其他物质污染而变质甚至失效。

常用试纸的种类很多，本节主要介绍化学实验室常用的几种试纸。

### (1) 酸碱试纸 (pH 试纸)

酸碱试纸主要用来检测溶液的酸碱性。酸碱试纸在干燥时无法检测干燥气体的酸碱性，故若要检测气体的酸碱性必须先将试纸润湿，才会产生反应。

① 石蕊试纸：是将纸张浸于含石蕊试剂的溶液中制成的。石蕊试纸在酸性液中呈红色，在碱性液中呈蓝色。故要检测酸性液时宜用蓝色石蕊试纸，检测碱性液时则用红色石蕊试纸。

② 广用试纸：是由数种指示剂混合成的混合指示剂浸染纸张而成，其变色范围大，较石蕊试纸能更准确地反映出酸碱度的强弱，分广泛试纸和精密试纸。

广泛试纸的精密度不高，只能粗略地检测溶液的 pH 值，有 1、0.5、0.2~0.3 三个等级。

精密试纸可以将 pH 值精确到小数点后一位，测量精度分 0.2 级、0.1 级、0.01 级等，比广泛试纸精确。

另外有酚酞试纸，本身为白色，测试酸性介质会变成红色。

### (2) 特性试纸

① 淀粉碘化钾试纸。制备方法：称取 3g 可溶性淀粉加入 25mL 水中，搅匀，倒入 225mL 沸水中，再加入 1g KI 和 1g $Na_2CO_3$，用水稀释至 500mL。将滤纸浸入上述溶液中，浸透取出，在阴凉处晾干成白色，剪成条状，贮存于棕色瓶中备用。

淀粉碘化钾试纸主要用于检验 $Cl_2$、$Br_2$、$NO_2$、$O_2$、$HClO$ 及 $H_2O_2$ 等氧化剂，湿润的淀粉碘化钾试纸遇到这些氧化剂会变成蓝色，这是由于上述氧化剂将试纸中的 $I^-$ 氧化而生成了 $I_2$。例如 $Cl_2$ 和试纸上的 $I^-$ 发生如下的反应：

$$2I^- + Cl_2 === I_2 + 2Cl^-$$

$I_2$ 会立即与淀粉作用呈蓝色。如果氧化剂氧化性强，浓度也高，可进一步发生如下反应：

$$I_2 + 5Cl_2 + 6H_2O \Longrightarrow 2HIO_3 + 10HCl$$

结果使最初出现的蓝色随即褪去。

② 乙酸铅试纸。乙酸铅试纸本身为无色，主要用于检验 $H_2S$ 的存在。

③ 硝酸银试纸：将滤纸放入 2.5% 的 $AgNO_3$ 溶液中浸泡后，取出晾干即可得到硝酸银试纸，可用于检测 $Cl^-$ 的存在。

④ 电极试纸：将 1g 酚酞溶于 100mL 乙醇中，称取 5g NaCl 溶于 100mL 水中，将两溶液等体积混合。取滤纸浸入上述混合溶液中，浸泡后取出干燥即可。将该试纸用水润湿，接在电池的两个电极上，电解一段时间，与电池负极相接的地方呈现红色。

除上述常用试纸外，还有半定量试纸、区间试纸、生化试纸、试剂试纸等。

**(3) 试纸的使用**

① 石蕊试纸和酚酞试纸的使用：用镊子夹取一小块试纸，放在干净的表面皿边缘上，用玻璃棒将待测溶液搅拌均匀，然后用玻璃棒一端蘸取少量溶液点在上述试纸中部，观察试纸的颜色变化，确定溶液的酸碱性。

**注意**：切勿将试纸直接投入溶液中，以免渗色污染溶液。

② pH 试纸的使用：用法同石蕊试纸。待试纸变色后与色阶板的标准色阶比较，以确定溶液的 pH 值。

③ 淀粉碘化钾试纸的使用：取一小块试纸，先用蒸馏水润湿，放在盛有待测溶液的容器口，若有待测气体逸出，试纸变色。

乙酸铅和硝酸银试纸的用法与淀粉碘化钾试纸基本相同。

使用试纸时，每次用一小块即可。不要直接用手取用或接触试纸，以免手上不慎沾上的化学品或汗液污染试纸。从容器取出所需试纸后要立即盖严容器。

**2. 滤纸**

滤纸是一种具有良好过滤性能的纸，是化学实验室常用的一种过滤材料，其纸质疏松，对液体有强烈的吸收作用。滤纸常见的形状是圆形，大多由棉质纤维制成。由于它是纤维制品，有无数小孔可供液体通过，而体积较大的固体粒子则不能通过，这种性质可使混合在一起的液态及固态物质分离。化学实验室有各种不同类型的滤纸，在实验过程中，应当根据实验的性质和要求合理选用。

**(1) 滤纸的种类**

① 定性分析滤纸。一般用于不需要计算数值的定性分析实验。

使用定性分析滤纸过滤时应注意以下几点。

a. 一般采用自然过滤，利用滤纸截留固体微粒的能力使液体和固体分离；

b. 由于滤纸的力学强度和韧性都较小，尽量少用抽滤的办法过滤，如必须加快过滤速度，为防止穿滤而导致过滤失败，在用气泵过滤时，可根据抽力大小在漏斗中叠放 2~3 层滤纸，在用真空抽滤时，在漏斗上先垫一层致密滤布，上面再放滤纸过滤。

② 定量分析滤纸。主要用于精密计算数值的实验，如测定残渣、不溶物等。

定量分析滤纸在制造过程中，纸浆经过盐酸和氢氟酸处理，并经过去离子水洗涤，将纸纤维中大部分杂质除去，所以灼烧后残留的灰分很少，对分析结果几乎不产生影响，因此适用于精密定量分析。国内生产的定量分析滤纸分快速、中速、慢速三类，在滤纸盒上分别用白色带（快速）、蓝色带（中速）、红色带（慢速）作为标志。滤纸的外形有圆形和方形两种。

③ 层析滤纸。主要在纸色谱法中用作载体，进行待测物的定性分离。层析滤纸纤维和水具有较强的亲和力，而与有机溶剂的亲和力甚弱。常用层析滤纸有 1 号和 3 号两种，每种又分为快速、中速和慢速三类。

**（2）滤纸的选择**

选择合适的滤纸可考虑以下四种因素。

① 硬度。滤纸在过滤时会变湿，一些较长时间过滤的实验应考虑使用湿润后较坚韧的滤纸。

② 过滤效率。滤纸上渗水小孔的疏密程度及大小影响着它的过滤效率。高效率的滤纸过滤速度不但快，而且分辨率也高。一般纤维越细，拦截效果越好，过滤效率相应较高。

③ 容量。过滤时积存的固体颗粒容易阻塞滤纸上的小孔，因此渗水小孔越密集，其容量越高，容许过滤的滤物越多。

④ 适用性。例如在医学检验中测定血液中的氮含量，必须使用无氮滤纸等。

**（3）滤纸的技术指标和规格**

滤纸的技术指标主要可分为两个方面：一是滤纸的过滤特性，二是物理特性。过滤特性包括透气度、气阻、最大孔径、平均孔径。物理特性包括定量、厚度、挺度、瓦楞深度、耐破度和树脂含量等。

① 定量：指的是每平方米滤纸的质量，$g/m^2$。

② 厚度：指滤纸的厚度，不包括瓦楞深度，mm。

③ 气阻：滤纸对空气流动的阻力。用 $100cm^2$ 的滤纸在 1min 内通过 85L 空气所得的压降数值来表示，mbar（1mbar＝0.1kPa）。

④ 瓦楞深度：为加强滤纸纵向的挺度而压制的沟槽深度，mm。

⑤ 透气度：在一定面积、一定压力下，单位时间内通过滤纸的空气量，$L/(m^2 \cdot s)$。

⑥ 最大孔径：以测试时滤纸上冒出第一个气泡时的压力计算出的空隙尺寸，$\mu m$。

⑦ 平均孔径：由"密集"冒泡时的压力推算出的孔径，$\mu m$。

⑧ 树脂含量：树脂占滤纸质量的百分比，一般为 10%～30%。

⑨ 挺度：滤纸抗变形能力。

⑩ 耐破度：滤纸单位面积上所能承受的最大压力，kPa。

GB/T 1914—2017 对定量滤纸和定性滤纸产品的分类、型号和技术指标及试验方法等都有规定。定性滤纸按照滤水速度的不同分为三种型号：101 型（快速定性滤纸）、102 型（中速定性滤纸）、103 型（慢速定性滤纸）。定量滤纸按照滤水速度的不同分为三种型号：201 型（快速定量滤纸）、202 型（中速定量滤纸）、203 型（慢速定量滤纸）。定性滤纸和定量滤纸按照质量等级分为优等品、一等品与合格品。

**（4）滤纸的使用方法**

在化学实验中滤纸多同过滤漏斗及布氏漏斗等仪器一同使用。使用前需把滤纸折成合适的形状。滤纸的折叠程度越高，过滤效果越好，但要注意不要过度折叠而导致滤纸破损。

滤纸的使用方法如下：

① 将滤纸对折两次，叠成 90°圆心角形状。

② 把叠好的滤纸按一侧三层、另一侧一层打开，呈漏斗状。

③ 把漏斗状滤纸装入漏斗内，滤纸边要低于漏斗边，向漏斗口内倒一些清水，使浸湿的滤纸与漏斗内壁贴合，再把余下的清水倒掉，待用。

④ 将装好滤纸的漏斗安放在过滤用的漏斗架上，在漏斗颈下放接纳过滤液的烧杯或试管，并使漏斗颈尖端靠于接纳容器的壁上。

⑤ 向漏斗里注入需要过滤的液体时，右手持盛液烧杯，左手持玻璃棒，玻璃棒下端轻靠在漏斗三层滤纸的一面上，使杯口紧贴玻璃棒，待滤液体沿杯口流出，沿玻璃棒顺势流入漏斗内，流到漏斗里的液体，液面不能超过漏斗中滤纸的高度。

⑥ 当液体经过滤纸沿漏斗颈流下时，要检查一下液体是否沿接纳容器壁顺流而下，注到杯底，如果不是，应该移动接纳容器或旋转漏斗，使漏斗尖端与接纳容器壁贴牢，使液体沿接纳容器内壁缓缓流下。

## 三、实训操作

① 正确选用试纸，测定表 3-4-1 中溶液的酸碱性及 pH 值。

表 3-4-1　溶液的酸碱性及 pH 值测试

| 测试溶液 | 溶液的 pH 值 | 溶液的酸碱性 |
|---|---|---|
| 0.1mol/L HCl | | |
| 0.1mol/L $H_2SO_4$ | | |
| 0.1mol/L NaOH | | |
| 0.1mol/L KOH | | |
| 0.1mol/L NaCl | | |

② 用酚酞试纸和红色石蕊试纸分别测定表 3-4-2 中溶液的酸碱性。

表 3-4-2　测定溶液的酸碱性

| 被测溶液 | 酚酞试纸 | | 红色石蕊试纸 | |
|---|---|---|---|---|
| | 溶液的酸碱性 | 现象 | 溶液的酸碱性 | 现象 |
| 0.1mol/L NaOH | | | | |
| 0.1mol/L KOH | | | | |

③ 用蓝色石蕊试纸测定表 3-4-3 中溶液的酸碱性。

表 3-4-3　测定溶液的酸碱性

| 被测溶液 | 溶液的酸碱性 | 现象 |
|---|---|---|
| 0.1mol/L HCl | | |
| 0.1mol/L $H_2SO_4$ | | |

④ 用淀粉碘化钾试纸测定碘水，并说明其现象。

## 四、实训评价

请学生和教师根据实训评价内容进行学生自评和教师评价，并根据评分标准将对应的得分填写于表 3-4-4 中。

表 3-4-4　认识试纸和滤纸实训评价表

| 评价内容 | 评分标准/分 | 学生自评/分 | 教师评价/分 | 得分/分 |
|---|---|---|---|---|
| 掌握试纸和滤纸的类型、技术指标和规格 | 20 | | | |
| 正确选用试纸和滤纸 | 15 | | | |
| 树立节约滤纸和试纸的意识 | 15 | | | |
| 总计/分 | | | | |

## 实训五　认识化学实验室气瓶

### 一、实训目的

① 认识化学实验室常见的气瓶。
② 掌握气瓶的结构、操作及注意事项。
③ 树立正确的操作意识和安全意识。

### 二、实训知识

气瓶是一种盛装压缩气体、液化气体或混合气体的高压容器。实验室常用的气体，如氢气、氧气、甲烷、乙炔等，都可贮存在气瓶中运输和使用。气瓶必须从有资质的供应商处购置。采购单位需对供应商提供的气瓶进行验收，对于气体名称标志不清或不对应、气瓶没有安全帽和防震圈、安全标志颜色缺失的气瓶，采购单位应拒绝接收。

**(1) 气瓶的分类**

① 气瓶根据所盛装气体的物理性质可分为以下几种。

a. 压缩气瓶：如氢气、氧气、氮气、氩气、氦气等气瓶。

b. 溶解气瓶：如乙炔气瓶。

c. 液化气瓶：如二氧化碳、一氧化氮、丙烷、石油气等气瓶。

② 气瓶根据气体的化学性质可分为以下几种。

a. 可燃气瓶：如氢气、丙烷、乙炔气、石油气等气瓶。

b. 助燃气瓶：如氧气、一氧化二氮等气瓶。

c. 不燃气瓶：如氮气、二氧化碳等气瓶。

d. 惰性气瓶：如氦气、氖气、氩气、氪气、氙气等气瓶。

不同气瓶的瓶身应按照标准漆上相应的标志颜色，并符合相关标准的规定。表 3-5-1 为部分常见气瓶的颜色及标志。

表 3-5-1　部分常见气瓶的颜色及标志

| 序号 | 气体名称 | 分子式 | 瓶色 | 字样 | 字色 | 色环 |
|---|---|---|---|---|---|---|
| 1 | 乙炔 | $C_2H_2$ | 白色 | 乙炔　不可近火 | 大红色 | — |
| 2 | 二氧化碳 | $CO_2$ | 铝白色 | 液化二氧化碳 | 黑色 | $P=20$,黑色单环 |
| 3 | 氢气 | $H_2$ | 淡绿 | 氢 | 大红色 | $P=20$,大红色单环<br>$P\geqslant30$,大红色双环 |
| 4 | 氧气 | $O_2$ | 淡(酞)蓝 | 氧 | 黑色 | $P=20$,白色单环 |
| 5 | 氮气 | $N_2$ | 黑色 | 氮 | 白色 | $P\geqslant30$,白色双环 |
| 6 | 二氧化氮 | $NO_2$ | 白色 | 液化二氧化氮 | 黑色 | — |
| 7 | 氩气 | Ar | 银灰 | 氩 | 深绿 | $P=20$,白色单环 |
| 8 | 氦气 | He | 银灰 | 氦 | 深绿 | $P\geqslant30$,白色双环 |

注:色环栏内的 $P$ 是气瓶的公称工作压力,MPa。

## （2）气瓶的结构

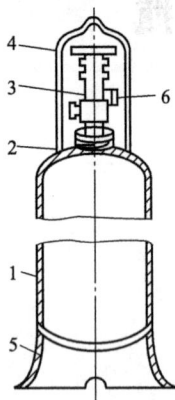

图 3-5-1　一般气瓶的结构

1—瓶体；2—瓶口；3—开关阀门；
4—瓶帽；5—底座；6—出气口

一般气瓶结构见图 3-5-1，是用无缝合金钢管制成的圆柱形容器，底部有钢质平底座，钢瓶顶部装有开关阀门（总阀），阀门上装有钢瓶帽，钢瓶口内外壁均有螺纹，用以连接钢瓶的开关阀门和钢瓶帽。钢瓶开关阀的侧接头有连接螺纹，可连接气体减压阀。每个气瓶身上都套有两个橡胶圈，以防震动撞击。钢瓶的器壁很厚，贮存气体的最高工作压力有 15MPa、20MPa、30MPa 等。

气瓶内气体的压力一般很高，使用压力却比较低，为了能降低压力并保持出口处压力稳定，使用时必须有减压阀。减压阀一般有弹簧式和杠杆式两种，其中弹簧式减压阀（图 3-5-2）较常用，它又分为正作用阀和反作用阀。以反作用减压阀为例，其作用原理是利用弹簧弹力和薄膜移动，调节和保持减压活门开启或关闭的位置，使气流量稳定地处于要求的状态。当打开气瓶开关总阀门时，高压气体作用于减压活门，促使活门关闭，高压气室通过进口与气瓶出气口处相连接，低压气室的气体出口通往使用系统。高压压力表测量的是气瓶内气体的压力，低压压力表显示的是气体出口处的压力，出口处压力大小可通过 T 形调节螺杆控制。

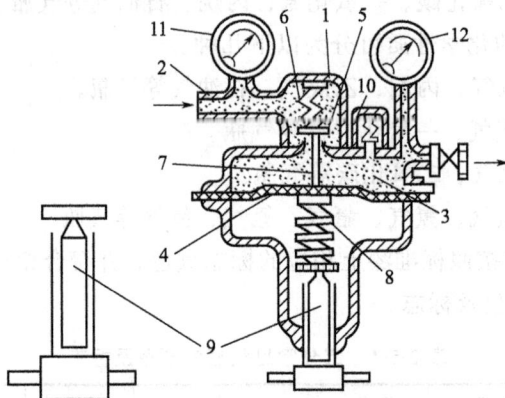

图 3-5-2　弹簧式减压阀

1—高压气室；2—管接头；3—低压气室；4—薄膜；5—减压活门；6—回动弹簧；7—支杆；
8—调节弹簧；9—T 形调节螺杆；10—安全活门；11—高压压力表；12—低压压力表

使用时，先打开气瓶总阀门，高压气体输入减压阀的高压气室，顺时针转动 T 形调节螺杆，打开减压活门，高压气体从高压气室经减压活门进入低压气室，从低压气室的出口通往工作系统。停止时，先关闭气瓶开关总阀门，让余气排净，当高压压力表指针和低压压力表指针均指向 "0" 时，逆时针旋转 T 形调节螺杆，使调节弹簧呈弛豫状态，减压阀即关闭。开闭时，应站在气瓶侧面，动作要慢，以避免气流摩擦产生静电。

实验室常用的气体减压阀有用于氢气瓶的、氧气瓶的、乙炔气瓶的。每种减压阀只能用于规定的气瓶，氢气瓶和乙炔气瓶只能选用氢气减压阀和乙炔减压阀。氮气、压缩空气气瓶可选用氧气减压阀。专用减压阀颜色必须与气瓶颜色相同，例如氢气减压阀为淡绿色。不同气瓶上的导管和压力表也必须专用。瓶内气体不得用尽，必须保留一定剩余压力。

在仪器分析中，气体的流量一般较小（≤100mL/min），仅靠减压阀控制气体流速相对比较困难，一般会串联稳压阀精确控制气体流速。目前的双级减压阀是把基本稳定的低压气再经过二次减压，输出的气体经过两次稳压，最后仪器载气、辅助气的压力就不用稳压阀调节，从而大大简化了仪器的气路结构，同时也提高了可靠性和稳定性。

**（3）压缩气瓶**

以氧气瓶为例。氧气瓶是贮存和运输氧气的专用高压容器，其构造如图 3-5-3 所示。瓶体外部一般装有两个防震胶圈，瓶体颜色为淡（酞）蓝色，根据国标用黑漆标明"氧"字样，用以区别其他气瓶。为使氧气瓶平稳放置，制作时，瓶底被挤压成凹弧面形状；为保护瓶阀在运输过程中免遭撞击，瓶阀外面套有瓶帽。

常规充装的氧气瓶内工作压力一般为 12～15MPa，氧气瓶在出厂前都要经过严格检验，并对瓶体进行耐压试验，试验压力应达到最高工作压力的 1.5 倍。瓶内气体不能全部用尽，应保留不少于 0.1～0.2MPa 的剩余压力。

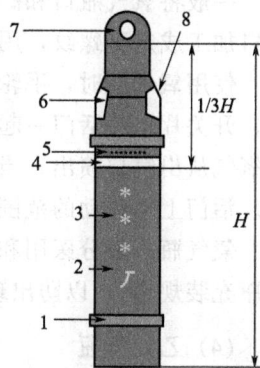

图 3-5-3 氧气瓶

1—防震胶圈；2—整体漆色；3—所属单位名称；4—色环；5—气体名称；6—制造钢印；7—瓶帽；8—检验钢印

氧气瓶一般使用三年后应进行复验，复验内容包括水压试验和瓶壁腐蚀情况。有关气瓶的容积、重量、设计使用年限、工作压力等项说明，都应在气瓶收口处钢印中反映出来，如图 3-5-4 所示。

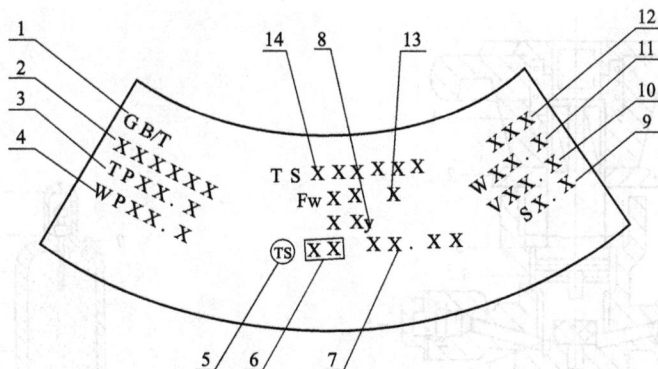

图 3-5-4 氧气瓶标记

1—产品标准号；2—钢瓶编号；3—水压试验压力，MPa；4—公称工作压力，MPa；5—监督检验标记；6—单位代码；7—制造年、月；8—设计使用年限，a；9—瓶体设计壁厚，mm；10—公称容积，L；11—实际重量（不包括瓶阀、瓶帽），kg；12—充装气体名称或化学分子式；13—液化气体最大充装量，kg；14—钢瓶制造单位许可证编号。

氧气瓶的规格有 4L、10L、15L、33L、40L、44L 等，最常用的是 40L，当瓶内压力为 15MPa 时，氧气贮量达 6000L。表 3-5-2 为部分氧气瓶的规格参数。

**表 3-5-2　部分氧气瓶的规格参数**

| 颜色 | 工作压力/MPa | 容积/L | 外径/mm | 瓶体高/mm | 重量/kg | 水压测试压/MPa | 采用瓶阀规格 |
|------|-------------|--------|---------|-----------|---------|----------------|--------------|
| 淡（酞）蓝色 | 15 | 33 | Φ219 | 1150±20 | 45±2 | 22.5 | QF-2 型铜阀 |
| | | 40 | | 1370±20 | 55±2 | | |
| | | 44 | | 1490±20 | 57±2 | | |

氧气瓶阀是控制氧气瓶内氧气进出的阀门。国产的氧气阀门有活瓣式和隔膜式。隔膜式阀门气密性较好，但易损坏，寿命短，因此多采用活瓣式阀门，结构如图 3-5-5 所示。

一般将氧气瓶口和阀体结合的一端加工成锥形管螺纹，并旋入气瓶口内，阀体的出气口加工成定型螺纹，用以连接减压器。阀体的出气口背面装有安全装置。

使用氧气瓶时，手轮逆时针方向旋转是开启氧气阀门。手轮旋转时，阀杆也会转动，开关片也使活门一起转动，使活门上下移动。当活门向上移动时，气门开启，瓶内的氧气从出气口喷出。当活门向下压紧时，活门内嵌的尼龙材料制成的气门垫使活门密闭。活门上下移动的范围为 1.5～3mm。

氧气瓶一般分医用和工业用，使用前需认真阅读《气瓶安全技术规程》《永久气体气瓶充装规定》，以防出现意外情况。

**（4）乙炔气瓶**

乙炔气瓶是贮存和运输乙炔气的压力容器，与氧气瓶外形相似，但比氧气瓶略短（一般为 1.12m），直径略粗（一般为 250mm），瓶体表面涂白漆，印有"乙炔""不可近火"等大红色字样。

乙炔不能用高压压入瓶内贮存，其内部构造较氧气瓶复杂。乙炔气瓶内有微孔填充剂布满其中。微孔填充剂吸附丙酮，利用乙炔易溶解于丙酮的特点，使乙炔稳定、安全地贮存在乙炔气瓶中。乙炔气瓶构造如图 3-5-6 所示。

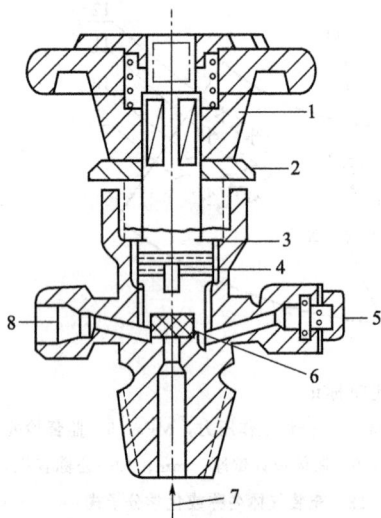

图 3-5-5　活瓣式氧气瓶阀门
1—手轮；2—压紧螺母；3—阀杆；4—开关片；
5—安全阀；6—活门；7—进气口；8—出气口

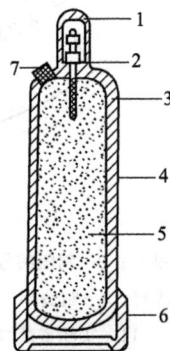

图 3-5-6　乙炔气瓶的构造
1—瓶帽；2—瓶阀；3—分解网；4—瓶体；
5—微孔填充剂；6—底座；7—易熔塞

瓶阀的下面连接一装有石棉或毛毡的分解网，其作用是帮助乙炔从丙酮溶液中分离出来。瓶内的填充剂要求多孔且轻质，目前广泛应用的是硅酸钙，也有活性炭等。

为使气瓶平稳放置，瓶底部一般装有底座，瓶阀装有瓶帽。为保证能安全使用，在靠近收口处装有易熔塞，当气瓶温度达100℃左右时，易熔塞会熔化，使瓶内气体外溢，起到泄压作用。瓶体外还装有两道防震胶圈。

乙炔气瓶出厂前须严格检验，并做水压试验。乙炔气瓶的工作压力一般为3MPa，试验压力应高出一倍。在靠近瓶口处应标注制造年月、容量、重量、最高工作压力、试验压力等内容。乙炔气瓶一般要求三年进行一次检验，若发现有渗漏或填充剂空洞的现象，应报废或更换。

乙炔气瓶的容量一般为40L。使用乙炔时应控制排放量，不能任意拧动阀门，否则会连同丙酮一起喷出，造成危险。

乙炔气瓶阀门是控制乙炔气瓶内乙炔进出的阀门，其构造如图3-5-7所示。乙炔气瓶阀门主要由阀杆、压紧螺母、密封圈、活门、阀体和过滤件等组成。阀门没有手轮，活门的开启和关闭靠方孔套筒扳手完成。当用方孔套筒扳手按逆时针旋转阀杆上端的方形头时，活门向上移动，即开启阀门，反之关闭。乙炔气瓶阀体由低碳钢制成，阀体下端加工成带螺纹的锥形尾，旋入瓶体上口。乙炔气瓶阀门的出气口处无螺纹，使用减压器时必须用夹紧装置与瓶阀结合。

### （5）液化石油气气瓶

液化石油气气瓶是贮存液化石油气的专用容器，气瓶贮存量有10kg、15kg、36kg等多种规格。气瓶材质选用16锰钢或优质碳素钢，气瓶的最大工作压力为1.6MPa，水压试验为3MPa。气瓶通过试验鉴定后，应将制造厂名、编号、重量、容量、制造日期、试验日期、工作压力、试验压力等内容，固定在气瓶的金属铭牌上，并应标有制造厂检验部门的钢印。该种气瓶属焊接气瓶，气瓶外表涂银灰色，并有"液化石油气"大红色字样，具体规格参见表3-5-3，结构如图3-5-8所示，瓶阀结构如图3-5-9所示。

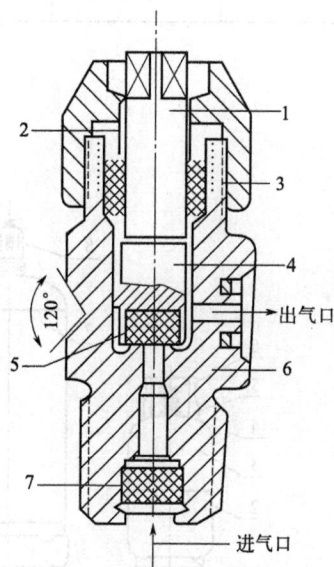

图 3-5-7 乙炔气瓶阀门的构造
1—阀杆；2—压紧螺母；3—密封圈；
4—活门；5—尼龙垫；
6—阀体；7—过滤件

表 3-5-3 液化石油气气瓶的规格参数

| 型号 | 参数 | | | | 备注 |
| --- | --- | --- | --- | --- | --- |
| | 气瓶外直径-公称外径/mm | 公称容积/L | 最大充装量/kg | 封头形状系数 K | |
| YSP4.7 | 204 | 4.7 | 1.9 | 1.0 | |
| YSP12 | 249 | 12.0 | 5.0 | 1.0 | |

续表

| 型号 | 参数 | | | | 备注 |
|---|---|---|---|---|---|
| | 气瓶外直径-公称外径/mm | 公称容积/L | 最大充装量/kg | 封头形状系数 $K$ | |
| YSP23.5 | 320 | 23.5 | 9.8 | 0.8 | |
| YSP26.2 | 300 | 26.2 | 11.0 | 1.0 | |
| YSP28.6 | 320 | 28.6 | 12.0 | 0.8 | |
| YSP29.8 | 300 | 29.8 | 12.5 | 1.0 | |
| YSP35.5 | 320 | 35.5 | 14.9 | 0.8 | |
| YSP118 | 407 | 118 | 49.5 | 1.0 | |
| YSP118-Ⅱ | 407 | 118 | 49.5 | 1.0 | 用于气化装置的液化石油气储存设备 |

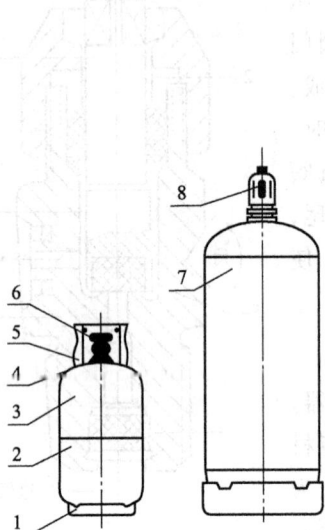

图 3-5-8  液化石油气气瓶

1—底座；2—下封头；3—上封头；4—瓶阀座；
5—护罩；6—瓶阀；7—筒体；8—瓶帽

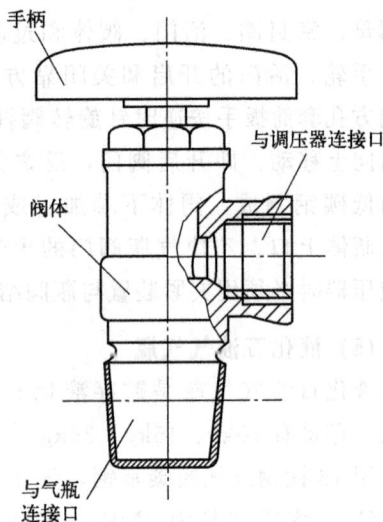

图 3-5-9  液化石油气气瓶阀

### (6) 氢气瓶

氢气瓶是贮存和运输氢气的高压容器，其构造与氧气瓶基本相同，瓶体涂淡绿色漆，用大红色漆标明"氢"字样，瓶阀出气口处螺纹为反向螺纹。

### (7) 气瓶的安全使用

① 严禁在楼道、大厅等公共场所存放气瓶。气瓶应置于专用仓库贮存，须遵守国家危险品贮存法规。气瓶仓库应符合《建筑设计防火规范（2018 年版）》的有关规定，必须配备有专业知识的技术人员，其库房和场所应设专人管理，配备可靠的个人安全防护用品，并设置"危险""严禁烟火"的标志。仓库内不得有地沟、暗道，不得有明火和其他热源。仓库内应通风、干燥，避免阳光直射，并且严禁任何管线穿过，应避开放射源。

② 实验室应建立气体购置使用台账。每个气瓶要配有统一印制的气瓶安全信息标志牌，用气人员要按要求规范填写。实验室应定时对气瓶进行安全检验并做好统计，排查隐患。气瓶如有安全附件不全、损坏等情况，不能确保安全使用时，须立即停止使用。

③ 气瓶应整齐、直立放置，妥善固定，且应有防止倾倒的措施。空瓶与实瓶应分开放置，并有明显标志。气瓶必须与爆炸物品、氧化剂、易燃物品、自燃物品、腐蚀性物品隔离贮存。可燃性和助燃性气体气瓶离明火距离应超出 10m（确实难达到时，须采取隔离等方法）。每间实验室内存放氧气或可燃气体不宜超出一瓶，并在附近设置防毒用具或灭火器材。

④ 存放盛装易起聚合反应或分解反应气体的气瓶，必须根据气体的性质控制仓库内的最高温度，规定贮存期限，并应避开放射源。

⑤ 操作人员不能穿戴油污工作服和手套等进行操作，以免引发燃烧或爆炸。操作人员在使用前，须检测气瓶的安全情况，并确定其盛装气体；使用完成后须立即关闭气瓶总阀，并再次确定其安全情况。

### (8) 气瓶的安全运输

① 装运气瓶的车辆应有危险品的安全标志。

② 搬运气瓶时，应装上防震圈，旋紧安全帽，以保护开关阀，预防其意外转动和碰撞。搬运气瓶通常用气瓶专用车，可用手平抬或垂直转动，严禁手抓开关总阀移动，切勿拖拉、滚动或滑动气体钢瓶。不能带着减压阀移动气瓶。

③ 要轻装轻卸，避免剧烈震动，严禁抛、滑、滚、冲击，以防气体膨胀爆炸，最好备有波浪形的瓶架，垫上橡胶或其他软物，以减小震动。

④ 禁止用起重机直接吊运钢瓶，充实的钢瓶禁止喷漆作业。

⑤ 瓶内气体相互接触能引起燃烧、爆炸，产生毒气的气瓶，不得同车（厢）运输；易燃、易爆、腐蚀性物品或与瓶内气体易起化学反应的物品，不得与气瓶一起运输。例如氧气瓶不得与油脂物质和可燃气体气瓶同车运输。

⑥ 气瓶装在车上，应妥善固定，避免碰撞、摩擦和滚动，一般应横放在车厢里，头部朝向一致，垛高不得超过车厢高度，并最多不超过五层；如立放时，车厢高度应在瓶高的 2/3 以上。

⑦ 夏季运输应有遮阳设施，适当覆盖，避免暴晒。运输气瓶的车、船不得在繁华市区、重要机构附近停靠；车、船停靠时，驾驶员与押运人员不得同时离开。

⑧ 严禁烟火。运输可燃气体气瓶时，运输车上应备有灭火器材。

⑨ 充气气瓶的运输应严格遵守危险品运输条例的规定。运输装有液化石油气的气瓶，严禁运输距离超过 50km。

⑩ 运输企业应制定事故应急处理措施，驾驶员和押运员应会正确处理。

### (9) 气瓶安全充灌

① 气瓶充灌前，应有专人对气瓶进行检查，如发现有下列情况之一的，应先进行妥善处理，否则严禁充装：

a. 钢印标记、颜色标记不符合规定，或用户自行改装的；附件不全、损坏或不符合规定的；瓶内无剩余压力的。

b. 超过检验期限的。

c. 经外观检查，存在明显损伤，需进一步进行检查的。

d. 氧化性气体气瓶沾有油脂的。

e. 易燃气体气瓶的首次充装，事先未经置换和抽真空的。

② 气瓶充灌时应控制流速，不能过快，否则会引起气瓶过热，压力剧增，造成危险。

③ 充灌场地应有安全防护设施或装备。

④ 液化石油气充装不得过量，必须按规定留出汽化空间；严禁从液化石油气槽车直接向气瓶灌装；充装后应逐只检查，发现有泄漏或其他异常现象，应及时妥善处理。

**（10）气瓶的定期检查**

气瓶在使用过程中必须根据国家《气瓶安全技术规程》要求进行定期技术检验。各类气瓶的检验周期，必须符合下列规定：

a. 盛装腐蚀性气体的气瓶，每两年检验一次。

b. 盛装一般气体的气瓶，每三年检验一次。

c. 液化石油气气瓶，使用未超过二十年的，每五年检验一次；超过二十年的，每两年检验一次。

d. 盛装惰性气体的气瓶，每五年检验一次。

气瓶在使用过程中，如发现有严重腐蚀、损伤，或对其安全可靠性有怀疑时，应提前进行检验。

库存和停用时间超过一个检验周期的气瓶，启用前应进行检验。

各类气瓶定期检验的项目和要求应符合相应的国家标准。如 GB/T 13004—2016《钢质无缝气瓶定期检验与评定》、GB/T 13075—2016《钢质焊接气瓶定期检验与评定》、GB/T 13076—2009《溶解乙炔气瓶定期检验与评定》、GB/T 8334—2022《液化石油气钢瓶定期检验与评定》。

## 三、实训操作

① 根据图 3-5-10 所示的常见的气瓶，将相关内容填写于表 3-5-4 中。

图 3-5-10　常见的气瓶

**表 3-5-4　常见气瓶的颜色**

| 气瓶 | 颜色 | 气瓶 | 颜色 |
|---|---|---|---|
|  |  |  |  |
|  |  |  |  |
|  |  |  |  |
|  |  |  |  |

② 练习氧气瓶的打开、关闭操作，并将操作流程填写于表 3-5-5 中。

**表 3-5-5　氧气瓶的打开、关闭操作**

| | |
|---|---|
| 氧气瓶的打开操作 | |
| 氧气瓶的关闭操作 | |

③ 检查图 3-5-11 中实验室气瓶有哪些错误之处，并将正确的操作填写于表 3-5-6 中。

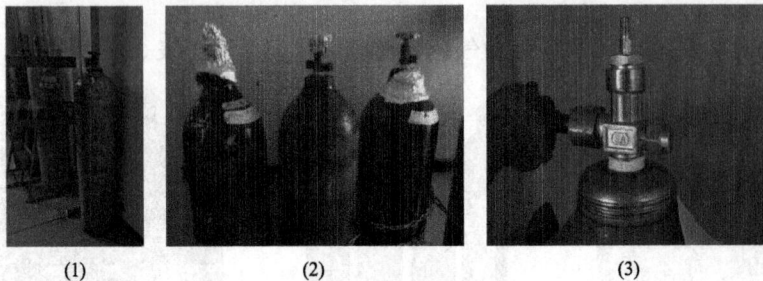

(1)　　　　　　　　　(2)　　　　　　　　　(3)

图 3-5-11　实验室的气瓶

**表 3-5-6　实验室气瓶错误之处及正确操作**

| 分图号 | 错误之处 | 正确操作 |
| --- | --- | --- |
| (1) | | |
| (2) | | |
| (3) | | |

## 四、实训评价

　　请学生和教师根据实训评价内容进行学生自评和教师评价，并根据评分标准将对应的得分填写于表 3-5-7 中。

**表 3-5-7　认识化学实验室气瓶实训评价表**

| 评价内容 | 评分标准/分 | 学生自评/分 | 教师评价/分 | 得分/分 |
|---|---|---|---|---|
| 认识化学实验室常见的气瓶 | 20 | | | |
| 掌握气瓶的结构、操作以及注意事项 | 15 | | | |
| 树立正确的操作意识和安全意识 | 15 | | | |
| 总计/分 | | | | |

# 模块四　化学实验室基础操作

## 实训一　化学实验常用玻璃仪器的洗涤与干燥

## 一、实训目的

① 掌握化学实验室常用玻璃仪器的洗涤与干燥方法。

② 树立化学仪器清洁意识。

## 二、实训知识

化学实验中，玻璃仪器的清洁与否，直接影响实验结果。所以，实验操作前必须清洗玻璃仪器。某些实验需要使用干燥的仪器，因此，有时还要对玻璃仪器进行干燥处理。

**1. 玻璃仪器的洗涤**

**（1）洗液的选择**

洗涤玻璃仪器时，应根据实验要求、污物的性质及玷污程度，合理选用洗液。

水是最普遍、最廉价、最方便的洗液，可用来洗涤水溶性污物。肥皂液、洗衣液和合成洗涤剂也是实验室常用的洗液，洗涤油脂类污垢效果较好，一般用于可以直接用刷子刷洗的仪器，如烧杯、锥形瓶、试剂瓶等。

**（2）洗液的制备及使用注意事项**

根据不同的要求有各种不同的洗液。现介绍比较常用的几种洗液。

① 铬酸洗液：由重铬酸钾和浓硫酸配成。铬酸在酸性溶液中有很强的氧化能力，对玻璃仪器又极少有侵蚀作用，所以这种洗液在实验室内使用比较广泛。

铬酸洗液的浓度一般为 5%～12%。配制方法为：取一定量的工业 $K_2Cr_2O_7$，先用 1～2 倍的水加热溶解，稍冷后，将所需体积的工业浓 $H_2SO_4$ 缓缓加入 $K_2Cr_2O_7$ 溶液中（千万不能将水或溶液加入 $H_2SO_4$ 中），边加边用玻璃棒搅拌，并注意不要溅出，混合均匀，待冷却后，装入洗液瓶备用。新配制的洗液为红褐色，氧化能力很强。当洗液用久后变为黑绿色，即说明洗液无氧化洗涤力。

铬酸洗液在使用时切记不能溅到身上，以防烧破衣服和损伤皮肤。铬酸洗液倒入玻璃仪器中，应使仪器周壁全浸洗后稍停一会儿再倒回洗液瓶。第一次用少量水冲洗刚浸洗过的仪器，废液应倒入废液缸中，不要倒在水池里和下水道里，以免腐蚀水池和下水道。第二次可正常用自来水和去离子水洗涤。

② 碱性洗液：可用于洗涤有油污的仪器，清洗时采用浸泡法或者浸煮法。从碱性

68

洗液中捞取仪器时，要戴乳胶手套，以免烧伤皮肤。

常用的碱性洗液有碳酸钠洗液、碳酸氢钠洗液、磷酸钠洗液、磷酸氢二钠洗液等。

③ 碱性高锰酸钾洗液：用碱性高锰酸钾作洗液，适合洗涤有油污的器皿。配法：取高锰酸钾 4g 加少量水溶解后，再加入 10％氢氧化钠溶液 100mL。

④ 强酸洗液：根据器皿污垢的性质，可直接用浓盐酸、浓硫酸、浓硝酸浸泡或浸煮器皿（温度不宜太高，否则浓酸挥发刺激人）。

⑤ 有机溶剂洗液：带有脂肪性污物的器皿，可以用石油醚、甲苯、二甲苯、丙酮、乙醇、三氯甲烷、乙醚等有机溶剂擦洗或浸泡。用有机溶剂作为洗液浪费较大，能用刷子洗刷的大件仪器尽量采用碱性洗液。只有无法使用刷子的小件或特殊形状的仪器才使用有机溶剂洗涤，如活塞内孔、移液管尖头、滴定管尖头、滴定管活塞孔、滴管和小瓶等。

⑥ 洗消剂：盛放过致癌性化学物质的器皿，为了防止对人体的侵害，在洗刷之前应使用对这些致癌性物质有破坏分解作用的洗消剂进行浸泡，然后再进行洗涤。经常使用的洗消剂有 1％或 5％ NaClO 溶液、20％ $HNO_3$ 溶液和 2％ $KMnO_4$ 溶液。

1％或 5％ NaClO 溶液对黄曲霉素有破坏作用。用 1％ NaClO 溶液对污染的玻璃仪器浸泡半天或用 5％ NaClO 溶液浸泡片刻后，即可起到破坏黄曲霉素的作用。配法：取漂白粉 100g，加水 500mL，搅拌均匀，另将工业用 $Na_2CO_3$ 80g 溶于温水 500mL 中，再将两液混合，搅拌，澄清后过滤，此滤液含 NaClO 为 2.5％；若用漂粉精配制，则 $Na_2CO_3$ 的量应加倍，所得溶液浓度约为 5％。如需要 1％ NaClO 溶液，可将上述溶液按比例进行稀释。

20％ $HNO_3$ 溶液和 2％ $KMnO_4$ 溶液对苯并芘有破坏作用，被苯并芘污染的玻璃仪器可用 20％ $HNO_3$ 浸泡 24h，取出后用自来水冲去残存酸液，再进行洗涤。被苯并芘污染的乳胶手套及微量注射器等可用 2％ $KMnO_4$ 溶液浸泡 2h 后，再进行洗涤。

**(3) 洗涤的一般程序、方法与要求**

① 洗涤的一般程序。洗涤玻璃仪器时，通常先用自来水洗涤，没有效果时再用肥皂液、合成洗涤剂等刷洗，仍不能除去的污物，应采用其他洗液洗涤。洗涤完毕后，都要用自来水冲洗干净，此时仪器内壁应不挂水珠，这是玻璃仪器洗净的标志。必要时再用少量去离子水淋洗 2～3 次。

② 洗涤方法。洗涤玻璃仪器时，可采用下列几种方法。

a. 振荡洗涤：又叫冲洗法，利用水把可溶性污物溶解除去，即往仪器中注入少量水，用力振荡后倒掉，依次连洗数次。试管和烧瓶的振荡如图 4-1-1 和图 4-1-2 所示。

b. 用毛刷蘸取少量肥皂液进行刷洗。试管的刷洗方法如图 4-1-3 所示，刷洗时要选用大小合适的毛刷，不能用力过猛，以免损坏仪器。

图 4-1-1　试管的振荡　　　　图 4-1-2　烧瓶的振荡　　　　图 4-1-3　试管的刷洗

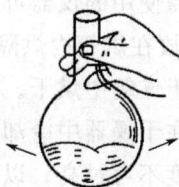

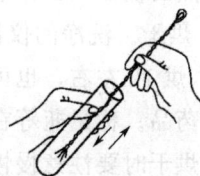

c. 浸泡洗涤：对不溶于水，刷洗也不能除掉的污物，可利用洗液与污物反应转化成可溶性物质而除去。先把仪器中的水倒尽，再倒入少量洗液，转几圈使仪器内壁全部润湿，再将洗液倒入洗液回收瓶中。用洗液浸泡一段时间效果会更好。

③ 洗涤要求：

a. 常规方法洗涤仪器时，应首先将手用肥皂洗净，免得手上的油污附在仪器上，增加洗刷的难度。如仪器长久存放附有尘灰，应先用清水冲去，再按要求选用洁净剂洗刷或洗涤。例如将刷子沾上少量去污粉，将仪器内外全刷一遍，再边用水冲边刷洗至肉眼看不见有去污粉时，用自来水洗 3～6 次，再用去离子水冲 3 次以上。一个洗干净的玻璃仪器应该挂不住水珠，若仍能挂住水珠，需重新洗涤。用去离子水冲洗时，要用顺壁冲洗方法并充分振荡，经去离子水冲洗后的仪器，用指示剂检查应为中性。

b. 做痕量金属分析的玻璃仪器，使用相应浓度的 $HNO_3$ 溶液浸泡，然后进行常规方法洗涤。

c. 进行荧光分析的玻璃仪器，应避免使用洗衣粉洗涤，因洗衣粉中含有荧光增白剂，会给分析结果带来误差。

d. 分析致癌物质时，应选用适当洗消剂浸泡，然后再按常规方法洗涤。

**2. 玻璃仪器的干燥**

做实验经常用到的玻璃仪器应在每次实验完毕后洗净干燥备用。不同实验对干燥度有不同的要求，一般定量分析用的烧杯、锥形瓶等仪器洗净即可使用，而食品分析的仪器及其他实验用的仪器多要求是干燥的，有的要求无水痕，应根据不同要求进行仪器干燥。

对玻璃仪器进行干燥，可采用下列几种方法。

① 晾干。对不急于使用的仪器，洗净后将仪器倒置在格栅板上或实验室的干燥架上，让其自然干燥。可用安有木钉的架子或带有透气孔的玻璃柜放置仪器。

② 烤干。是通过加热使仪器中的水分迅速蒸发而干燥的方法。加热前先将仪器外壁擦干，然后用小火烘烤。烧杯等可放在石棉网上加热，硬质试管用试管夹夹住，在火焰上来回移动，试管口略向下倾斜，直至除去水珠后再将管口向上赶尽水汽。

③ 吹干。对于急于干燥的仪器或不适于放入烘箱的较大的仪器可用吹干的办法。通常将少量乙醇、丙酮（或最后再用乙醚）倒入已控去水分的仪器中摇洗，然后用电吹风吹，开始用冷风吹 1～2min，当大部分溶剂挥发后用热风吹至完全干燥，再用冷风吹去残余蒸气，不使其又冷凝在容器内。

④ 快干（有机溶剂法）。在洗净的仪器内加入少量易挥发且能与水互溶的有机溶剂（如丙酮、乙醇等），转动仪器使仪器内壁湿润后，倒出混合液，然后晾干或吹干。一些不能加热的仪器（如比色皿等）或急需使用的仪器可用此法干燥。

⑤ 烘干。洗净的仪器控去水分，放在烘箱内烘隔板上进行烘干，烘箱温度为 105～110℃，烘 1h 左右，也可放在红外灯干燥箱中烘干。此法适用于一般仪器，也可用于干燥化学药品。称量瓶等在烘干后要放在干燥器中冷却和保存。带实心玻璃塞及厚壁的玻璃仪器烘干时要注意慢慢升温并且温度不可过高，以免破裂。量器一般不可放于烘箱中烘干，否则会影响仪器的精度，可采用晾干或冷风吹干的方法干燥。

## 三、实训操作

① 正确选用洗液洗涤给定的玻璃仪器，洗净后合理放置。注意各种洗液的回收和废液的处理，并将正确的内容填写于表 4-1-1 中。

表 4-1-1　玻璃仪器的洗涤

| 玻璃仪器 | 洗液 | 洗液是否需要回收 | 洗净检验 |
| --- | --- | --- | --- |
| 新玻璃仪器 | | | |
| 常用玻璃仪器 | | | |
| 有机玻璃仪器 | | | |
| 盛放过致癌物的玻璃仪器 | | | |

② 将上述洗干净的玻璃仪器采用不同的干燥方法进行干燥处理，并将正确的内容填写于表 4-1-2 中。

表 4-1-2　玻璃仪器的干燥

| 玻璃仪器 | 干燥处理方法选择 | 选用理由 |
| --- | --- | --- |
| 新玻璃仪器 | | |
| 常用玻璃仪器 | | |
| 有机玻璃仪器 | | |
| 盛放过致癌物的玻璃仪器 | | |

## 四、实训评价

请学生和教师根据实训评价内容进行学生自评和教师评价，并根据评分标准将对应的得分填写于表 4-1-3 中。

表 4-1-3　化学实验常用玻璃仪器的洗涤与干燥实训评价表

| 评价内容 | 评分标准/分 | 学生自评/分 | 教师评价/分 | 得分/分 |
|---|---|---|---|---|
| 掌握化学实验室常用玻璃仪器的洗涤与干燥方法 | 30 | | | |
| 树立化学仪器清洁意识 | 20 | | | |
| 总计/分 | | | | |

# 实训二 化学实验玻璃量器的规范操作

## 一、实训目的

① 认识常用的玻璃量器。

② 掌握量筒、量杯、吸量管、滴定管、容量瓶、微量进样器的正确操作与校准。

③ 树立正确、规范操作玻璃量器的意识。

## 二、实训知识

化学实验量取体积的玻璃量器有吸量管、滴定管、容量瓶、量筒（量杯）和微量进样器等。

量器按照准确度分为 A、B 两种等级。A 等级的量器准确度一般要比 B 等级的高一倍。量器的级别也可用"一等""二等"、"Ⅰ""Ⅱ"或"＜1＞""＜2＞"等表示，无上述字样符号的量器表示无等级。实验室可根据实验要求合理选用相应等级实验量器。

### 1. 量筒和量杯

量筒和量杯常用于量取体积要求不是很精确的液体试剂。一般有 5mL、10mL、25mL、50mL、100mL、500mL、1000mL、2000mL 等多种规格，可根据不同需求选用不同规格的量筒或量杯，且应选规格与所量取溶液的体积相近的量筒或量杯。例如，量取 8.0mL 的液体时，应使用 10mL 量筒（或量杯），产生的体积误差接近±0.1mL，若选用 100mL 的量筒，测量误差可达±1mL。

### 2. 吸量管

#### （1）吸量管的分类

吸量管是量出式玻璃量器，一般用于量取一定体积的液体试剂。吸量管种类很多，主要有分刻度（多标线）吸量管和单标线吸量管，如图 4-2-1 所示。

分刻度（多标线）吸量管能量取刻度范围内的某一体积的液体试剂，但是准确度不高，常用的有 0.5mL、1mL、2mL、5mL、10mL、20mL 等规格。

单标线吸量管也称移液管，其中部膨大突出，上下两端细长，上端有环形刻度标线，膨大突出部分标示移液管的体积和使用温度。在标示使用温度下，将溶液吸入管内，管内液面的凹液面与刻线相切时，放出管内溶液，管内溶液的体积即为标示的体积数（图 4-2-2）。若环境温度与移液管的标示使用温度不同，管内体积需根据温度校正表校正成标示温度下的体积。常用移液管的体积有 1mL、2mL、3mL、10mL、25mL、50mL 等多种。由于读数部分的管径较小，移取体积的准确度较高。

#### （2）吸量管的操作规范

① 吸量管的洗涤：吸量管在使用前先进行清洗，洗至内壁、外壁均不挂水珠。管外壁可用毛刷蘸取洗洁精或肥皂水刷洗，管内壁无明显油污时用自来水和去离子水冲洗即可。若管内壁仍挂水珠，可用铬酸洗液洗涤。

(a) 单标线吸量管　(b) 分刻度吸量管

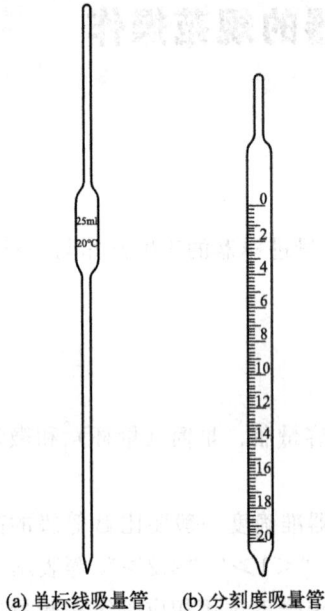

图 4-2-1　单标线吸量管和分刻度吸量管

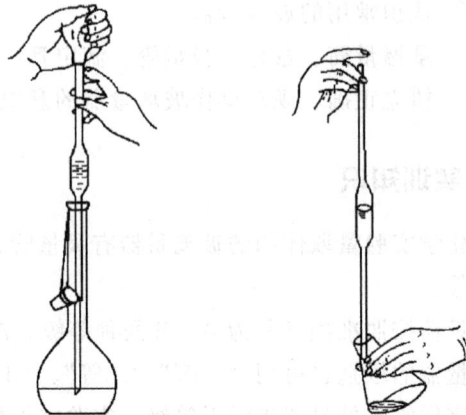

图 4-2-2　移液管的取液和放液

铬酸洗液洗涤方法是：用滤纸尽量把吸量管外壁的水吸干，内壁也要保持干燥，将吸量管插入洗液中，用洗耳球将洗液慢慢吸至吸量管容积的 1/4～1/3 处，用食指按住管口，吸量管水平放置，并转动吸量管，使铬酸洗液布满整个管内壁，浸泡静置一段时间（不要超过 0.5h），将铬酸洗液放入洗液回收瓶中。吸取烧杯中自来水至吸量管容积的 1/4～1/3 处，润洗管内壁一次，并将此润洗废液放入废液缸中，再用自来水冲洗，最后在烧杯中用去离子水润洗吸量管内壁。

润洗方法是：在洁净的小烧杯中加入去离子水，右手持吸量管，左手取一张滤纸片把管尖内外的水尽量吸干，右手拿住吸量管上部，将管尖插入烧杯去离子水表面以下 2～3cm 处（液体中部，不触底不碰壁），左手拿洗耳球，捏紧排出球内空气，其尖端紧按在吸量管管口上，慢慢松开捏紧的洗耳球，液体缓慢上升，待液体吸至吸量管容积的（或中部膨大突出部分的）1/4～1/3 处，立即用右手食指按住管口，提离烧杯，将吸量管水平握住，用两手的拇指和食指分别拿住吸量管两端，转动吸量管使去离子水布满整个吸量管内壁，当水流至距上管口 1～2cm 时，将吸量管直立，使水由管尖放出，弃去（不得在上管口排液）。用上述方法，将吸量管用去离子水润洗至少 3 次。

**注意：** 吸量管每次插入烧杯中用去离子水润洗前，都要用滤纸将管尖外壁和管尖的水吸干，以免污染烧杯中的去离子水，达不到润洗干净的目的。

② 吸量管的取液：移取溶液前，要用待移取溶液润洗至少 3 次，润洗方法与去离子水的润洗方法相同。

移液时，待移溶液需先移到洁净且用待移溶液润洗过的小烧杯里，不得直接从试剂瓶或容量瓶中取液。左手拿合适的洗耳球，右手拿吸量管，洗耳球用左手大拇指、食指、中指捏紧排出气体，吸量管插入待移溶液液面以下 1～2cm 处（一般是液体中部，如插得太浅，液面下降后会造成吸空；如插得太深，吸量管外壁沾带溶液过多），洗耳球吸嘴对准吸量管大口，放开洗耳球，液体试剂缓缓吸入吸量管，吸量管管尖应随烧杯内液面下降而下降。当吸量管内液面吸至环形标线以上 1～2cm 时，左手迅速拿开洗耳球，右手食指迅速堵住吸量管上端管口，用滤纸轻轻擦拭管尖外壁试液，切记不要用滤纸捏住管尖。

吸量管液面调零，另取一干燥、洁净的小烧杯，将吸量管管尖紧靠小烧杯内壁，小烧杯保持倾斜，吸量管保持垂直，视线与刻度线水平，右手拇指和中指缓缓转动吸量管，使管内溶液液面缓缓下降，当管内液体的凹液面（有实线凹液面和虚线凹液面之分）与吸量零刻线平齐时，停止转动，立即按紧食指。吸量管尖的液体属于管外液体，不在计量范围之内，因此，可以用上述小烧杯内壁轻轻碰触吸量管管尖。左手放下小烧杯，拿起承接溶液的容器（锥形瓶、容量瓶等），将其倾斜约 45°，吸量管保持垂直，管尖紧贴承接容器内壁（锥形瓶的瓶颈处，容量瓶的磨口以下）。

此时，若是用分刻度吸量管取液，吸量管管口靠在承接容器的内壁，缓缓转动吸量管，慢慢放出液体，确保管内的液体与挂在管壁上的液体同步下移，当放出所需液体时，停止转动，吸量管管尖轻轻碰触承接容器内壁，并轻轻提出承接容器，管内剩余液体可放回原烧杯中重复使用，但不可放回原试剂瓶中，最终剩余的液体试剂根据性质置于相应的废液收集桶中。

若是用单标线吸量管取液，吸量管管口靠在承接容器的内壁，松开食指，使溶液自然顺壁流下。待溶液下降到管尖后，等待 15s 左右，管尖提离承接容器时轻轻敲击承接容器，使管尖的溶液全部流入承接容器中，然后移开吸量管放在吸量管架上，不可乱放，以免被玷污。

**注意**：吸量管放出溶液后，其管尖仍残留一滴溶液，对此，除特别注明"吹"字的吸量管外，此残留液不可吹入承接容器内，因为在工厂生产检定时，并未把这部分体积计算进去。在同一实验中，应使用同一只吸量管的同一部位量取，尽量减少吸量管带来的测量误差。使用吸量管时全程需佩戴合适的实验手套。

移液结束要清洗吸量管，并放置在吸量管架上。

**3. 滴定管**

**（1）滴定管的种类**

滴定管是用来准确测量流出溶液体积的量器，是一种量出式仪器，见图 4-2-3。

酸式滴定管用于装酸性和氧化性溶液，但不能用于装碱性溶液，因其磨口的玻璃塞会被碱性溶液腐蚀，放置久了，活塞打不开。碱式滴定管用于装碱性溶液，但不能装与乳胶管起反应的氧化性溶液，如高锰酸钾、碘和硝酸银等。聚四氟乙烯旋塞滴定管下端为聚四氟乙烯旋塞，可用于酸性、碱性及氧化性溶液，无酸碱式管之分。滴定管除无色透明的之外，还有棕色的，用以装易光分解或有色的溶液，如 $AgNO_3$、$Na_2S_2O_3$、$KMnO_4$ 等溶液。

**（2）滴定管的使用**

① 酸式滴定管使用前应先进行如下操作。

a. 检查：酸式滴定管使用前应检查其旋塞旋转是否灵活，管尖、管口有无破损，若有破损应立即更换。

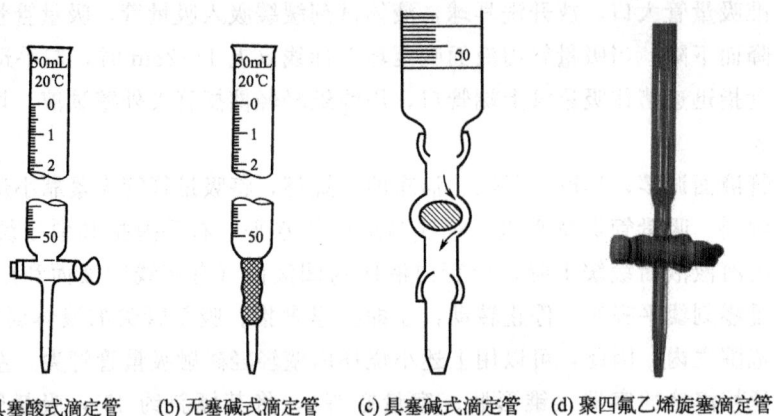

(a) 具塞酸式滴定管　(b) 无塞碱式滴定管　(c) 具塞碱式滴定管　(d) 聚四氟乙烯旋塞滴定管

图 4-2-3　滴定管

b. 试漏：就是检查旋塞处是否漏水。将旋塞关闭，用自来水装满至刻度以上，擦干滴定管外壁水珠，滴定管倾斜，猛地打开旋塞，排出管尖气泡，直立夹在滴定管架上静置约 2min，下端放置一张滤纸，观察滴定管内液面是否下降，滴定管下管口是否有液珠，滤纸是否打湿，旋塞两端缝隙间是否渗水（用干的滤纸在旋塞两端贴紧旋塞擦拭，若滤纸潮湿，说明渗水）。若没有上述情况，说明不漏水，此时，将旋塞旋转180°，再静置 2min，按上述方法察看是否漏水。

c. 涂凡士林：新的或较长时间不使用或使用了较长时间的酸式滴定管，会因玻璃旋塞闭合不好或转动不灵活导致漏液及操作困难，需在旋塞上涂凡士林。具体操作：将滴定管放在实验台上，取下旋塞，用滤纸擦干旋塞和旋塞套。用手指均匀地薄涂一层凡士林于旋塞两头，不要将凡士林涂在旋塞孔上、下两侧，以免旋转时堵塞旋塞孔，再将旋塞插入旋塞套中，向同一方向转动旋塞，直至旋塞和旋塞套内的凡士林全部透明为止。用小橡胶圈套在旋塞尾部的凹槽内，以防旋塞从旋塞套掉落损坏。

d. 洗涤：滴定管的外侧可用洗洁精或肥皂水刷洗，管内无明显油污的滴定管可直接用自来水冲洗，或用洗涤剂泡洗，但不可刷洗，以免划伤内壁，影响体积的准确测量。油污可根据玷污程度，采用不同的洗液洗涤。洗涤时，将酸式滴定管内的水尽量除去，关闭旋塞，倒入 10～15mL 洗液，两手横持滴定管，边转动边将管口倾斜，并将滴定管口对着洗液瓶口，以防洗液洒出，直至洗液布满全管内壁，可根据玷污程度静置15min 左右，立起滴定管打开旋塞，将洗液放入洗液回收瓶中。若滴定管油污较多，必要时可用温热洗液加满滴定管浸泡一段时间（不要超过 30min）。将洗液从滴定管彻底放净后，用自来水冲洗（注意首次的冲洗液应倒入废酸缸中，以免腐蚀下水管管道），再用蒸馏水淋洗 3 次，使其完全被水润湿而不挂水珠，否则需重新洗涤。洗净的滴定管倒夹（防止落入灰尘）在滴定管台上备用。

聚四氟乙烯旋塞滴定管的准备与酸式滴定管相同。长期不用的滴定管应将旋塞和旋塞套擦拭干净，并夹上薄纸后保存，以防旋塞和旋塞套之间粘住打不开。

② 碱式滴定管使用前应先进行如下操作。

a. 检查。使用前先检查乳胶管和玻璃珠是否完好。若乳胶管已老化，玻璃珠过大

（不易操作）或过小、不圆滑（漏水），都应予以更换。

b. 试漏。装入自来水至一定刻度线，擦干滴定管外壁，处理掉管尖处的水滴。将滴定管直立夹在滴定管架上静置2min，观察液面是否下降，滴定管下管口是否有水珠。若漏水，则应调换胶管中的玻璃珠，选择一个大小合适且比较圆滑的玻璃珠再试。

c. 洗涤。碱式滴定管的洗涤方法与酸式滴定管相同。在需要用铬酸洗液洗涤时，需将玻璃珠往上捏，使其紧贴在碱式滴定管的下端，防止洗液腐蚀乳胶管。在用自来水或蒸馏水清洗碱式滴定管时，应特别注意玻璃珠下方死角处的清洗。为此，在捏乳胶管时应不断改变方位，使玻璃珠的四周都洗到。

③ 装溶液。在装溶液之前，应先用待装溶液润洗滴定管。关闭滴定管旋塞，摇匀试剂瓶中的溶液，用左手前三指持滴定管上部无刻度处（不要用整个手握住滴定管），可稍微倾斜，右手拿住细口试剂瓶向滴定管中缓缓倒入溶液，让溶液慢慢沿滴定管内壁流下。每次约10mL，将滴定管润洗3次。溶液必须从试剂瓶直接倒入滴定管中，不得借助其他容器（如烧杯、漏斗等）。应注意，润洗时，两手横握滴定管，边转动边将管口倾斜，操作溶液润洗至滴定管上口，洗遍滴定管全部内壁，以便润洗掉原来的残留液，部分润洗液从上端排出，剩余润洗液从下端管尖排出。然后，立即打开旋塞，将废液放入废液缸中。

润洗完，装溶液时，倾倒溶液的方法与润洗时的倾倒方法一样，将溶液倒入滴定管至0刻度以上，打开旋塞（或用手指捏玻璃珠周围的乳胶管），使溶液充满滴定管的出口管，并检查出口管是否有气泡。若有气泡，必须排除。

酸式滴定管排除气泡的方法：右手拿滴定管上部无刻度处，滴定管稍微倾斜，左手迅速打开旋塞使溶液冲出（冲出溶液可置于废液杯）。若气泡还未能排出，可手握滴定管，用力上下抖动，若仍不能排出气泡，可能是出口管未洗净，必须重洗。

碱式滴定管排除气泡的方法：装满溶液后，用左手拇指和食指抓住玻璃珠所在部位并向上弯曲乳胶管，乳胶管出口管应倾斜向上，然后轻轻捏玻璃珠部位的乳胶管，使溶液从管口冲出，如图4-2-4所示。冲出溶液可置于废液杯，再边捏乳胶管边把乳胶管放直，注意，乳胶管放直后再松开拇指和食指，否则出口管仍会有气泡。

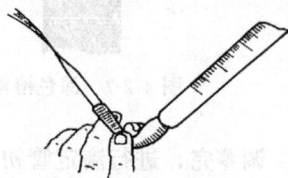

图4-2-4　碱式滴定管排气泡的方法

**（3）滴定管的读数**

装液或放液后，必须等待1～2min，使附着在滴定管内壁上的溶液全部流下来不挂液珠时，即可进行读数。如果放液的速度较慢（如在滴定到最后阶段，进行半滴操作时），等待0.5～1min即可读数。读数时，检查一下滴定管无液体部分的管内壁是否挂有液珠，出口管尖部分是否有气泡，管尖外是否挂有液滴。

读数时，用手拿住滴定管液面以上的部分（切记不要拿有液体的管体部分），滴定管要保持自然下垂。无色或浅色溶液在读数时，视线与弯月面下缘最低点相切，读取凹液面最低点的读数，若俯视凹液面，读出的数据会小于实际数据，若仰视凹液面，读出的数据会大于实际数据，如图4-2-5所示。部分滴定管有实线和虚线之分，若为白底蓝线衬背滴定管，应读取蓝线上下两尖端相交点的位置刻度，如图 4-2-6 所示。深色溶液读数时，视线与液面两侧的最高点相切，读取液面两侧的最高点刻度，如图 4-2-7 所示。无论哪种读数方法，都应注意初读数与终读数始终采用同一读数标准。

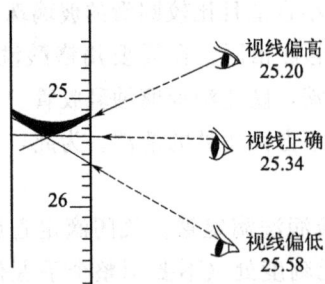

图 4-2-5　滴定管的读数视线　　　　图 4-2-6　白底蓝线衬背滴定管的读数

　　初学者在读数时可借助读数卡练习，采用与滴定管标线色差较大的硬纸片，可以是白色或黑色，约 3cm×1.5cm，将其平行放于滴定管背后，使黑色或白色部分在凹液面下约 1mm 处，此时即可看到弯月面的反射层呈黑色或鲜亮透明，然后读此黑色或鲜亮透明凹液面最低点对应的刻度，如图 4-2-8 所示。

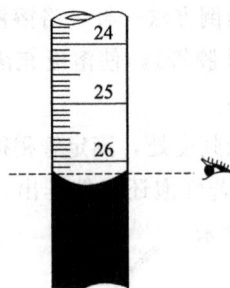

图 4-2-7　深色溶液的读数　　　　　图 4-2-8　读数卡

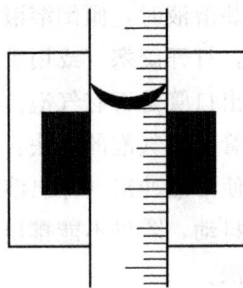

　　调零完，进行滴定管初读数时，应先将滴定管管尖悬挂液滴除去，即将这一滴液体轻轻靠在洁净的烧杯内壁。滴定至终点时，应立即关闭旋塞，并注意不使滴定管中溶液流出，否则，滴定管终读数将包括管尖流出的半滴溶液。因此，在进行终读数时，应注意检查出口管尖是否悬有溶液，在保证滴定达到终点的情况下不得有多余的半滴悬挂在滴定管管尖。

　　**(4) 滴定操作**

　　滴定操作时，应先将滴定管液面调零，再垂直地夹在滴定管架上，用洁净的小烧杯内壁轻靠管尖残液。滴定操作一般采取站姿，要求操作者身体站正。特殊情况下为操作方便也可坐着滴定。

　　滴定操作一般在锥形瓶内进行，也有在烧杯中进行滴定的。

　　使用酸式滴定管滴定锥形瓶中的溶液时，右手拿锥形瓶颈部，手心放空，瓶底离滴定台 2~3cm，滴定管管尖伸入瓶口内约 1cm，左手控制活塞，拇指在前，中指和食指在后，轻轻捏住旋塞柄，无名指和小指向手心弯曲，手心内凹，手心不能顶着旋塞，防止顶出旋塞，造成漏液，如图 4-2-9 所示。转动旋塞时大拇指、食指、中指稍微用力，但也不能太用力，以免造成滴液太快；边滴加溶液，边用右手摇动锥形瓶，使溶液沿一个方向旋转，边摇边滴，使滴下去的溶液尽快混匀，如图 4-2-10 所示。

使用酸式滴定管滴定烧杯中的溶液时，烧杯放在滴定台上，滴定管的高度应以滴定管管尖伸入烧杯内约 1cm 为宜。以操作者的站立方位为准，滴定管的管尖应在烧杯中心的左后方处。若管尖在烧杯中央，会影响搅拌；若管尖离烧杯内壁过近，滴下的溶液易粘在烧杯内壁，不能完全参与反应。左手控制滴定管滴加溶液，右手持玻璃棒搅拌溶液，如图 4-2-11 所示。玻璃棒应均匀圆周搅动，不可碰触烧杯内壁和底部。

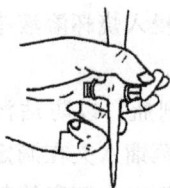

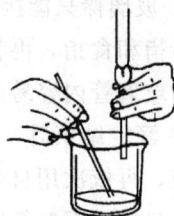

图 4-2-9　酸式滴定管的操作　　图 4-2-10　在锥形瓶中的滴定操作　　图 4-2-11　在烧杯中的滴定操作

使用碱式滴定管时，左手无名指和小手指合力夹住管尖，拇指与食指在玻璃珠所在部位往一旁（左右均可）捏乳胶管（图 4-2-12），使溶液从玻璃珠旁的空隙流出。注意，不得用力捏玻璃珠，也不得上下移动玻璃珠；不得捏到玻璃珠下部的乳胶管，以免在管口处带入空气。右手操作方式跟上述操作锥形瓶和烧杯的方式相同。

图 4-2-12　碱式滴定管的握持方法

无论采用哪种滴定管，一般都只能用右手来摇动锥形瓶，左手操作滴定管。

进行滴定操作时，应注意以下问题。

① 每次滴定前应将液面调至零刻度处。这样可使每次滴定前后的读数基本上都处在滴定管的同一部位，这样可以消除由于滴定管刻度不准确而引起的误差，还可以保证滴定过程中的滴定溶液用量足够，避免因新装液引起读数误差。

② 滴定时，左手三个手指始终不能离开旋塞，根据反应实时控制溶液的流速，且流速控制在 3～4 滴/s，不能任溶液连成线流下来，也不能不控制流速任溶液自流。

③ 摇锥形瓶时，应转动腕关节，而不是整个手臂，使锥形瓶做圆周运动，保证瓶中的溶液始终按同一方向（左旋或右旋）旋转，不可前后晃动，以免溶液溅出。

④ 滴定时，应注意观察锥形瓶中溶液颜色的变化，而不是注意滴定管上的刻度变化，避免滴定反应过量。

⑤ 要正确控制滴定速度。一般开始滴定时，速度可稍快些（看具体反应，也有刚开始速度慢的，如高锰酸钾的标定或滴定），但溶液不能呈线状从滴定管流出，应呈"见滴成线"状。接近终点时，应一滴一滴地慢慢加入，快到滴定终点时，应半滴半滴地操作，直到溶液出现颜色骤变为止。

⑥ 酸式滴定管操作半滴溶液时，慢慢转动旋塞，旋塞稍打开一点，让溶液慢慢流

出悬挂在管尖上，形成半滴不落下，立即关闭旋塞。

⑦ 碱式滴定管操作半滴溶液时，左右拇指和食指捏住玻璃珠所在部位，稍用力向右（或向左）挤压乳胶管，使溶液慢慢流出悬挂在管尖上，形成半滴不落下，松开拇指与食指。

⑧ 悬挂半滴溶液的酸式滴定管管尖的尖嘴尽量伸入锥形瓶中较低处，用锥形瓶内壁轻靠半滴溶液，再用蒸馏水将锥形瓶内壁上的溶液冲下去。注意，只能用很少量的蒸馏水冲洗 1～2 次，否则溶液会被过分稀释，终点颜色变化不敏锐。在烧杯中进行滴定时，用玻璃棒下端轻轻蘸取滴定管管尖的半滴溶液，浸入烧杯中搅拌均匀。

⑨ 玻璃棒只能接触溶液，不得接触滴定管管尖。悬挂半滴溶液的碱式滴定管，先松开拇指和食指，再将半滴溶液轻靠在锥形瓶内壁或用玻璃棒蘸取浸入烧杯溶液中，否则尖嘴玻璃管内容易产生气泡。

⑩ 滴定结束后，滴定管内剩余的溶液应弃去，不可倒回原试剂瓶，以防玷污原操作溶液，再依次用自来水和蒸馏水洗涤滴定管。若继续使用，装满蒸馏水夹在滴定管架上，上口用表面皿等罩住，下口套一段洁净的乳胶管或橡胶管，或倒夹在滴定管架上备用。若长期不用，应倒尽水控干，酸式滴定管的旋塞和塞套之间应垫上一张小纸片，再套上橡胶圈，碱式滴定管控干，最后收到器皿柜中。

### 4. 容量瓶

容量瓶是一种细颈梨形平底玻璃瓶，为量入式容器，如图 4-2-13 所示，有无色或棕色之分，带有磨口的玻璃塞或塑料塞，细颈上有一条环标线。容量瓶有 10mL、25mL、50mL、100mL、250mL、500mL 和 1000mL 等不同规格。

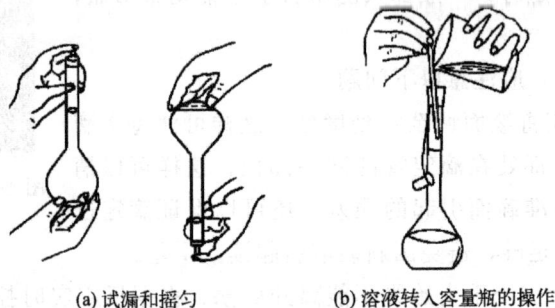

(a) 试漏和摇匀　　(b) 溶液转入容量瓶的操作

图 4-2-13　容量瓶的使用

容量瓶主要用于配制准确浓度的标准溶液或定量的稀释溶液，常与移液管配套使用。容量瓶的使用方法及注意事项如下。

① 试漏。加自来水至环标线附近，盖好瓶塞，用左手食指按住瓶塞，其余手指拿住瓶颈标线以上部分，用右手五指指尖托住瓶底边缘，见图 4-2-13(a)，将容量瓶倒立2min，看其是否有漏水渗水现象，可用滤纸片擦拭容量瓶口进行检查。无渗水现象时，将瓶直立，瓶塞转动 180°，再倒立 2min 用滤纸检查，不漏水才能使用。容量瓶的瓶塞不得取下随意乱放，以免玷污、拿错或打碎等。若是平顶的塑料塞子，使用时可将塞子倒置在桌面上。

② 容量瓶的洗涤。容量瓶使用前应用铬酸洗液清洗内壁。先尽量倒去瓶内残留的水，并保持容量瓶干燥，再倒入适量洗液（如 250mL 容量瓶可倒入 20～30mL 铬酸洗液），倾斜转动容量瓶，使洗液布满内壁，浸泡 10min 左右，将洗液倒出，然后用自来水充分洗涤，最后用蒸馏水淋洗 3 次。水的用量可根据容量瓶的大小而定，如 250mL 容量瓶，第一次用 30mL 左右，第 2 次和第 3 次用 20mL 左右。洗净后备用。

③ 用固体物质配制溶液。经过计算，准确称取基准试剂或被测样品，置于小烧杯中，用少量蒸馏水（或其他溶剂）将固体溶解。如需加热溶解，则加热后应冷却至室温。然后将溶液定量转移到容量瓶中。定量转移溶液时，右手持玻璃棒，将玻璃棒伸入容量瓶磨口以下，玻璃棒的下端应靠在瓶颈内壁。左手拿烧杯，使烧杯嘴紧贴玻璃棒，让溶液沿玻璃棒和内壁流入容量瓶中，见图 4-2-13（b）。烧杯中溶液倾倒完后，将烧杯慢慢扶正，同时使烧杯的杯嘴沿玻璃棒向上提 1～2cm，然后再离开玻璃棒，并把玻璃棒放回烧杯中，但不要靠烧杯嘴。烧杯嘴沿玻璃棒上提，可避免杯嘴与玻璃棒之间的一滴溶液流到烧杯外面。然后再用少量蒸馏水（或其他溶剂）淋洗烧杯 3 次，每次用洗瓶吹出的蒸馏水冲洗烧杯内壁和玻璃棒，再将溶液转移到容量瓶中。之后用洗瓶加蒸馏水，至容量瓶肚的 2/3 时，将容量瓶沿水平方向轻轻转动几周，使溶液初步混匀。再继续加水至标线以下约 1cm 处，等待 1～2min，使附在瓶颈内壁的水流下，再用滴管滴加蒸馏水至凹液面的最低点与标线相切，视线应在同一水平线上。无论溶液有无颜色，加水位置都应使弯月面的最低点与标线相切（深色不透明溶液应保持视线与液面最高处平齐）。随即盖紧瓶塞，左手食指按住瓶塞，其余手指拿住瓶颈标线以上部分，右手指尖托住瓶底边缘将容量瓶倒转，使气泡上升到顶部，水平振荡混匀溶液，这样重复操作 15～20 次，使瓶内溶液充分混匀，每操作 4～5 次要旋转瓶塞放气。

右手托瓶时，应尽量减少手掌与瓶身的接触面积，以避免体温对溶液温度产生影响。100mL 以下的容量瓶，可不用右手托瓶，只用一只手抓住瓶颈，同时用同一只手的手心顶住瓶塞倒转摇动即可。

④ 如用容量瓶将已知准确浓度的浓溶液稀释成一定浓度的稀溶液，则根据计算，用移液管移取一定体积的浓溶液于容量瓶中，加蒸馏水至标线，按前述方法混匀溶液即可。

⑤ 容量瓶不宜长期保存试剂溶液，不可将容量瓶当作试剂瓶使用。配好的溶液如需长期保存，应将其转移至磨口试剂瓶中。磨口试剂瓶洗涤干净后还必须用容量瓶中的溶液淋洗至少 3 次。

⑥ 容量瓶用毕应立即用自来水冲洗干净。如长期不用，磨口处应洗净擦干，垫上小纸片，放入仪器柜中保存。

⑦ 容量瓶不能在烘箱中烘烤，也不能用明火直接加热。如需使用干燥的容量瓶时，可将容量瓶洗净后，用乙醇等有机溶剂荡洗后晾干，或用电吹风的冷风吹干。

### 5. 微量进样器

微量进样器（微量注射器）一般有 1μL、5μL、10μL、25μL、50μL、100μL 等规格，是进行微量分析，特别是色谱分析实验必不可少的取样、进样工具。

微量进样器是玻璃量器，使用时应特别小心，否则会降低其准确度。使用前要用丙酮等溶剂洗净，以免干扰样品分析。使用后应立即清洗，以免样品中的高沸点组分玷污进样器。

一般常用5%的NaOH水溶液、蒸馏水、丙酮、氯仿依次进行清洗，最后用真空泵抽干，保存于盒内。

使用微量进样器时应注意以下几点。

① 进样器极易被损坏，应轻拿轻放。要随时保持清洁，不用时应放入盒内，不要随便来回空抽进样器，以免损坏其气密性而影响取样。

② 每次取样前先抽取少许样再排出，如此重复几次，以润洗进样器。

③ 取样时应多抽些试样于进样器内，并将针头朝上排除空气气泡，再将过量样品排出，保留需要的样品量。进样器内的空气泡对体积定量影响很大，必须设法排除，将针头插入样品中，反复抽排几次即可，抽时慢些，排时快些。

④ 取好样后，用擦镜纸将针头外所黏附的样品小心擦掉，注意切勿使针头内的样品流失。

⑤ 色谱分析进样时，应以稳当的动作将进样器针头插入进样口，迅速进样后立即拔出（注意用力不可过大，以免折弯进样器）。

### 6. 量器的校准

目前我国生产的量器准确度可以满足一般实验室工作要求，无须校准，但在要求较高的分析工作中则必须对所用量器进行校准。

量器校准的方法有两种。一种是称量被校准的量器中"容纳"或"放出"的纯水的质量，再根据当时水温下水的密度由下列公式计算出该量器在20℃时的实际容量，称为称量法，也称绝对校准法。滴定管常用这种方法校准。

$$V_{20} = \frac{m_w}{\rho_w}$$

式中　$V_{20}$——容器在20℃时的容积；

　　　$m_w$——容器中"容纳"或"放出"的纯水在$t$℃时于空气中以黄铜砝码称得的质量；

　　　$\rho_w$——$t$℃时纯水的密度，即表观密度，表示在$t$℃下用纯水充满20℃时容积为1L的玻璃容器，于空气中以黄铜砝码称取的纯水的质量。

另一种校准方法是用一已校准过的容器间接校准另一容器，是相对比较两容器所盛液体容积的比例关系，所以又称为相对校准法。

容量瓶和移液管均可用称量法校准，但在实际工作中，由于移液管和容量瓶经常配合使用，有时并不一定要确知它的准确容量，而是要确知移液管与容量瓶之间的相对关系是否正确。因此，常用校准过的移液管来校准容量瓶，确定其比例关系。此法简单，但必须在这两件仪器配套使用时才有意义。

## 三、实训操作

① 正确洗涤量筒、量杯、吸量管和滴定管，并将它们的洗涤方法填写于表 4-2-1 中。

表 4-2-1　量筒、量杯、吸量管和滴定管的洗涤方法

| 器具 | 洗涤方法 | 判定是否洗净 |
|------|---------|------------|
| 量筒 | | |
| 量杯 | | |
| 吸量管 | | |
| 滴定管 | | |

② 正确量取下列溶液：

a. 用量筒、量杯量取 10mL 蒸馏水。

b. 用 10mL 分刻度吸量管分别正确移取 1.00mL、2.00mL、5.00mL、10.00mL 蒸馏水和硫酸铁铵溶液于锥形瓶中；用 5mL 分刻度吸量管分别正确移取 1.00mL、3.00mL、5.00mL 蒸馏水和硫酸铁铵溶液于锥形瓶中。

c. 用 10mL 单标线吸量管移取 10mL 蒸馏水和 10mL 硫酸铁铵溶液。

d. 用 50mL 酸式滴定管和碱式滴定管及聚四氟乙烯滴定管分别按教师的指示进行洗涤、润洗、装液、排气泡、调零、滴定、读数等操作。

## 四、实训评价

请学生和教师根据实训评价内容进行学生自评和教师评价，并根据评分标准将对应的得分填写于表 4-2-2 中。

表 4-2-2　化学实验玻璃量器的规范操作实训评价表

| 评价内容 | 评分标准/分 | 学生自评/分 | 教师评价/分 | 得分/分 |
|---------|-----------|-----------|-----------|--------|
| 认识常用的玻璃量器 | 20 | | | |
| 掌握量筒、量杯、吸量管、滴定管、容量瓶、微量进样器的正确操作及校准 | 15 | | | |
| 树立正确、规范操作玻璃量器的意识 | 15 | | | |
| 总计/分 | | | | |

# 实训三 标准溶液的配制与标定

## 一、实训目的

① 掌握标准溶液的配制技术。

② 掌握标准溶液的标定技术。

## 二、实训知识

标准溶液的配制现行标准是 GB/T 601—2016。

**1. 氢氧化钠标准溶液的配制与标定**

NaOH 有很强的吸水性，并能吸收空气中的 $CO_2$，因而市售 NaOH 中常含有 $Na_2CO_3$，反应方程式为

$$2NaOH+CO_2 =\!=\!= Na_2CO_3+H_2O$$

由于碳酸钠对指示剂的使用影响较大，因此应设法除去。

除去 $Na_2CO_3$ 最通常的方法是将 NaOH 先配成饱和溶液，因为 $Na_2CO_3$ 在饱和 NaOH 溶液中几乎不溶解，会慢慢沉淀出来，故可用饱和氢氧化钠溶液配制不含 $Na_2CO_3$ 的 NaOH 溶液。待 $Na_2CO_3$ 沉淀后，可吸取一定量的上清液，稀释至所需浓度即可。此外，用来配制 NaOH 溶液的蒸馏水也应加热煮沸放冷，除去其中的 $CO_2$。

标定碱溶液的基准物质很多，常用的有草酸、苯甲酸和邻苯二甲酸氢钾等，最常用的是邻苯二甲酸氢钾。

### (1) 0.1mol/L NaOH 标准溶液的配制

用小烧杯在台秤上称取 110g 固体 NaOH，加 100mL 水，振摇使之溶解成饱和溶液，冷却后注入聚乙烯塑料容量瓶中，密闭，放置数日，澄清后备用。准确吸取上述溶液的上层清液 5.4mL 到 1000mL 无 $CO_2$ 的蒸馏水中（可以煮沸），摇匀，贴上标签。

### (2) 0.1mol/L NaOH 标准溶液的标定

将基准邻苯二甲酸氢钾加人干燥的称量瓶内，于 105～110℃烘至恒重，用减量法准确称取邻苯二甲酸氢钾约 0.7500g，置于 250mL 锥形瓶中，加 50mL 无 $CO_2$ 蒸馏水，温热使之溶解，冷却，加酚酞指示剂（10g/L）2～3 滴，用待标定的 0.1mol/L NaOH 溶液滴定，直到溶液呈粉红色，0.5min 后不褪色。平行滴定 3 次。同时做空白试验（滴定除了标定物——邻苯二甲酸氢钾以外的水）。

NaOH 标准溶液浓度计算公式：

$$c_{NaOH}=\dfrac{\dfrac{m}{M}\times 1000}{V_2-V_1}$$

式中　$m$——邻苯二甲酸氢钾的质量，g；

　　　$V_1$——空白试验消耗氢氧化钠标准溶液的体积，mL；

$V_2$——滴定消耗氢氧化钠标准溶液的体积，mL；

$M$——邻苯二甲酸氢钾的摩尔质量，204.22g/mol。

**(3) 注意事项**

① 固体氢氧化钠应放在表面皿上或小烧杯中称量，不能在称量纸上称量；氢氧化钠极易吸潮，因而称量速度应尽量快。

② 滴定前，应检查橡胶管内和滴定管尖处是否有气泡，如有气泡应排除，否则影响其读数，会给测定带来误差。

③ 盛放基准物的 3 个锥形瓶应编号，以免混淆，防止过失误差。

**2. 盐酸标准溶液的配制与标定**

市售浓盐酸的 HCl 含量为 36%～38%。浓盐酸易挥发出 HCl 气体，若直接配制，准确度差，因此配制盐酸标准溶液时需用间接配制法。

采用无水碳酸钠为基准物质标定盐酸，以溴甲酚绿-甲基红混合指示剂指示终点。

用 $Na_2CO_3$ 标定时的反应为

$$2HCl+Na_2CO_3 \Longrightarrow 2NaCl+H_2O+CO_2\uparrow$$

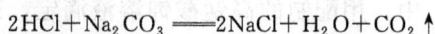

**(1) 0.1mol/L 盐酸标准溶液的配制**

用小量筒取浓盐酸 9mL，注入 1000mL 水中，摇匀。

**(2) 0.1mol/L 盐酸标准溶液的标定**

取在 270～300℃灼烧至恒重的基准无水碳酸钠约 0.2g，精密称定 3 份，分别置于 250mL 锥形瓶中，加 50mL 蒸馏水溶解后，加溴甲酚绿-甲基红混合指示剂 10 滴，用待标定的盐酸溶液（0.1mol/L）滴定至溶液由绿色变为暗红色，煮沸约 2min。加盖具钠石灰管的橡胶塞，冷却至室温，继续滴定至溶液再呈暗红色，记下所消耗的标准溶液的体积，同时做空白试验。

**(3) 0.1mol/L 盐酸标准溶液的浓度计算**

盐酸标准溶液的浓度按下式计算：

$$c_{HCl}=\frac{2m}{M(V_2-V_1)}$$

式中 $m$——无水碳酸钠的质量，g；

$M$——无水碳酸钠的摩尔质量，g/mol；

$V_2$——滴定消耗盐酸标准溶液的体积，mL；

$V_1$——空白试验消耗盐酸标准溶液的体积，mL。

**(4) 注意事项**

① 检查旋塞转动是否灵活，是否漏水。

② 应先擦干旋塞和旋塞槽内的水，再按正确的方法涂上少许凡士林。

③ 将盐酸溶液倒入滴定管之前，应将其摇匀，直接倒入滴定管中，不得借用任何别的器皿，以免标准溶液浓度改变或造成污染。

### 3. 高锰酸钾标准溶液的配制与标定

高锰酸钾水溶液易受水中还原物和杂质的影响，并且受日光直射能析出棕色的含水二氧化锰沉淀，浓度会发生改变。因此在配制其标准溶液时必须使用棕色试剂瓶盛装，以防日光直射。配制后应放置一段时间，待与水中还原物完全作用后，滤去沉淀，然后进行标定，才能得到基本稳定的标准溶液。市售的高锰酸钾含有少量的杂质，如硫酸盐、硝酸盐及氯化物等，所以不能用来直接配制准确浓度的溶液。常用草酸钠作基准物质来标定高锰酸钾溶液。

#### (1) 0.02mol/L KMnO₄ 标准溶液的配制

称取 3.3g 高锰酸钾，溶于 1050mL 水中，缓缓煮沸 15min，冷却，于暗处放置 2 周，用已处理过的 4 号玻璃滤坩（在同样浓度的高锰酸钾溶液中缓缓煮沸 5min）过滤。贮存于棕色瓶中。

#### (2) 0.02mol/L KMnO₄ 标准溶液的标定

称取 0.25g 已于 105℃～110℃电烘箱中干燥至恒量的工作基准试剂草酸钠，溶于 100mL 硫酸溶液（8+92）中，用配制的高锰酸钾溶液滴定，近终点时加热至约 65℃，继续滴定至溶液呈粉红色，并保持 30s。同时做空白试验。

#### (3) 0.02mol/L KMnO₄ 标准溶液浓度的计算

计算公式：

$$c_{KMnO_4} = \frac{m \times 1000}{M(V_2 - V_1)}$$

式中　$m$——基准草酸钠的质量，g；

$V_1$——空白滴定消耗高锰酸钾溶液的体积，mL；

$V_2$——滴定消耗高锰酸钾溶液的体积，mL；

$M$——草酸钠的摩尔质量，g/mol[$M(1/2\ Na_2C_2O_4) = 66.999$]。

#### (4) 注意事项

① 高锰酸钾溶液在加热和放置时均应盖上表面皿，以免灰尘或有机物等落入。

② 高锰酸钾氧化剂通常在酸性溶液中进行反应，在滴定过程中若发现棕色浑浊，这是酸度不足而引起的，应立即加入硫酸；若已经达到终点，此时加硫酸无用，应重做实验。

③ 加热可使反应加速，但不应加热至沸腾，否则会引起部分草酸分解，滴定时的温度为 75～85℃，在滴定到终点时温度不应低于 60℃。

④ 开始滴定时，反应速率较慢，可缓慢滴定，待溶液中产生 $Mn^{2+}$ 后可加快滴定速度。

### 4. EDTA 标准溶液的配制与标定

EDTA 标准溶液常用乙二胺四乙酸二钠配制。乙二胺四乙酸二钠是白色结晶粉末，可以制成基准物质，但一般不直接用 EDTA 配制标准溶液，而是先配制成大致浓度的溶液，然后以 ZnO 或 Zn 为基准物质标定其浓度。滴定在 pH 值约等于 10 的条件下进行，以铬黑 T 为指示剂，溶液由紫色变为纯蓝色时即为终点。

**(1) 0.05mol/L EDTA 标准溶液的配制**

取乙二胺四乙酸二钠约 20g，加蒸馏水 1000mL 使之溶解，摇匀，贮存在硬质玻璃瓶或聚乙烯塑料瓶中。

**(2) 0.05mol/L EDTA 标准溶液的标定**

称取于 800℃±50℃ 的高温炉中灼烧至恒量的工作基准试剂氧化锌 0.15g，用少量水湿润，加 2mL 盐酸溶液（20%）溶解，加 100mL 水，用氨水溶液（10%）将溶液 pH 值调至 7~8，加 10mL 氨-氯化铵缓冲溶液甲（pH≈10）及 5 滴铬黑 T 指示液（5g/L），用配制的乙二胺四乙酸二钠溶液滴定至溶液由紫色变为纯蓝色。同时做空白试验。

**(3) 0.05mol/L EDTA 标准溶液浓度的计算**

计算公式：

$$c_{EDTA} = \frac{m \times 1000}{(V_1 - V_2) \times M}$$

式中　$m$——氧化锌质量，g；

$V_1$——乙二胺四乙酸二钠溶液体积，mL；

$V_2$——空白试验消耗乙二胺四乙酸二钠溶液体积，mL；

$M$——氧化锌的摩尔质量，g/mol[$M(ZnO)=81.408$]。

**(4) 注意事项**

① 乙二胺四乙酸二钠在水中溶解较慢，可加热使之溶解或放置过夜。

② 贮存 EDTA 溶液应选用硬质玻璃瓶，如用聚乙烯瓶贮存更好。避免与橡胶塞、橡胶管等接触。

**5. 硝酸银标准溶液的配制与标定**

在中性或弱碱性溶液中，以 $K_2CrO_4$ 为指示剂，用待标定的 $AgNO_3$ 标准溶液进行滴定。由于 AgCl 的溶解度小于 $Ag_2CrO_4$ 的溶解度，所以当 AgCl 定量沉淀后，即生成砖红色的沉淀，表示达到终点，其化学反应式如下：

$$Ag^+ + Cl^- \longrightarrow AgCl \downarrow （白色）$$
$$2Ag^+ + CrO_4^{2-} \longrightarrow Ag_2CrO_4 \downarrow （砖红色）$$

**(1) 0.1mol/L AgNO₃ 标准溶液的配制**

称取 8.5g $AgNO_3$，溶于 500mL 不含 $Cl^-$ 的水中，将溶液转入棕色细口瓶中，置暗处保存，以减缓见光分解。

**(2) 0.1mol/L AgNO₃ 标准溶液的标定**

准确称取 1.5~1.6g NaCl 基准物质于 250mL 烧杯中，加 100mL 水溶解，定量转入 250mL 容量瓶中，加水稀释至标线，摇匀。

准确移取 25.00mL NaCl 标准溶液于 250mL 锥形瓶中，加 25mL 水及 1mL 5%

$K_2CrO_4$ 溶液，在不断摇动下用 $AgNO_3$ 溶液滴定，至白色沉淀中出现砖红色，即为终点。

根据 NaCl 的用量和滴定消耗 $AgNO_3$ 标准溶液的体积，计算 $AgNO_3$ 标准溶液的浓度。平行测定 3 次。

### (3) 0.1mol/L $AgNO_3$ 标准溶液浓度的计算

计算公式：

$$c_{AgNO_3} = \frac{\dfrac{m}{M} \times \dfrac{1}{10}}{V} \times 100\%$$

式中　$m$——氯化钠的质量，g；

　　　$M$——氯化钠的摩尔质量，g/mol；

　　　$V$——滴定消耗硝酸银标准溶液的体积，mL。

### (4) 注意事项

① 此滴定只能在中性或弱碱性介质中进行。

② 铬酸钾溶液的用量要适当，以免造成滴定误差。

③ 滴定过程中要充分摇动。

## 三、实训操作

根据 GB/T 601—2016《化学试剂 标准滴定溶液的制备》，配制草酸钠标准溶液并进行标定，并将结果填写于表 4-3-1 中。

表 4-3-1　配制草酸钠标准溶液

| 项目 | 标定次数 | | |
|---|---|---|---|
| | 1 | 2 | 3 |
| 移取草酸钠溶液的体积/mL | | | |
| 高锰酸钾溶液的初读数/mL | | | |
| 高锰酸钾溶液的终读数/mL | | | |
| 消耗高锰酸钾溶液的体积/mL | | | |
| 体积校正值/mL | | | |
| 溶液温度/℃ | | | |
| 温度补正值/mL | | | |
| 溶液校正值/mL | | | |
| 实际消耗高锰酸钾溶液的体积/mL | | | |
| 空白值/mL | | | |
| $c$/(mol/L) | | | |
| $\bar{c}$/(mol/L) | | | |
| 相对极差/% | | | |

## 四、实训评价

请学生和教师根据实训评价内容进行学生自评和教师评价，并根据评分标准将对应的得分填写于表 4-3-2 中。

表 4-3-2　标准溶液的配制与标定实训评价表

| 评价内容 | 评分标准/分 | 学生自评/分 | 教师评价/分 | 得分/分 |
|---|---|---|---|---|
| 标准溶液的配制 | 20 | | | |
| 标准溶液的标定 | 15 | | | |
| 树立正确规范操作化学仪器的意识 | 15 | | | |
| 总计/分 | | | | |

 **化学滴定**

## 一、实训目的

① 掌握化学滴定的操作步骤。
② 掌握常用溶液的滴定分析。
③ 树立正确严谨的滴定操作意识。

## 二、实训知识

### 1. 硫酸溶液浓度的测定

用已知浓度的 NaOH 标准溶液（配制且标定好的溶液，具体步骤参考 GB/T 601—2016）滴定 $H_2SO_4$，用酚酞作指示剂，终点呈粉红色。其反应方程式如下：

$$H_2SO_4 + 2NaOH \Longrightarrow Na_2SO_4 + 2H_2O$$

在锥形瓶中预先注入蒸馏水约 20mL，将硫酸样品倒入清洁干燥的滴瓶中，用减量法称取硫酸试样 1~2g（精确至 0.0002g）于锥形瓶中，硫酸浓度大于 90％时可称取 0.1~1.0g，再加入 100mL 蒸馏水及 1~2 滴酚酞指示剂，用 0.5000mol/L 氢氧化钠溶液滴定至粉红色为终点。平行测定 3 次，最终结果取平均值。

硫酸浓度按下式计算：

$$c_{H_2SO_4} = \frac{c_{NaOH} \times V \times 1/2 \times 98.0}{1000m}$$

式中　$c_{NaOH}$——NaOH 标准溶液的摩尔浓度，mol/L；

　　　$V$——滴定消耗 NaOH 标准溶液的体积，mL；

　　　98.0——$H_2SO_4$ 的摩尔质量，g/mol；

　　　$m$——样品质量，g。

### 2. 氢氧化钠溶液浓度的测定

用差量法准确称取氢氧化钠 2.5g（精准至 0.0001g）置于干燥的烧杯（或聚氯乙烯烧杯）中，迅速溶解并转移到 250mL 容量瓶（或聚氯乙烯容量瓶）中，冷却至室温后稀释至规定刻度，摇匀。

移取 50mL 离子交换水，注入 250mL 具塞锥形瓶中，加入 5mL 氯化钡溶液（10g/L），氯化钡的加入可以将试样中的碳酸钠转化为碳酸钡；再准确移取 10.0mL 试样溶液注入到该锥形瓶中，滴 2~3 滴酚酞指示剂（10g/L），塞上橡胶塞，在磁力搅拌器搅拌下，用盐酸标准溶液（0.1mol/L）密闭滴定至溶液呈微红色即为终点。平行测定 3 次，随同做空白试验。

氢氧化钠（NaOH）的质量分数 $X_1$ 按下式计算：

$$X_1 = \frac{cV \times 0.040}{m \times \frac{10}{250}} \times 100\%$$

式中　*c*——盐酸标准溶液的浓度，mol/L；

　　　*V*——盐酸标准溶液的体积，mL；

　　　*m*——试样的质量，g。

用差量法快速称量氢氧化钠，尽量避免其吸收空气中的水蒸气和二氧化碳。移取氢氧化钠时要小心谨慎，以免腐蚀。滴定接近终点时，要缓慢滴定。每次都在磁力搅拌器搅拌均匀之后再滴下一滴。

### 3. 双氧水含量的测定

$H_2O_2$ 在酸性溶液中是强氧化剂，遇到 $KMnO_4$ 则表现出还原性。在酸性溶液中 $H_2O_2$ 很容易被 $KMnO_4$ 氧化，反应式如下：

$$2MnO_4^- + 5H_2O_2 + 6H^+ = 2Mn^{2+} + 8H_2O + 5O_2$$

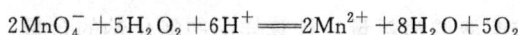

该反应是自催化反应。反应开始时，进程很慢，待溶液中生成 $Mn^{2+}$，反应加快（自动催化反应），故能顺利地、定量地完成反应。当滴定剂稍过量（$2 \times 10^{-6}$ mol/L）时，则显示指示剂本身颜色，此时即为终点。

用 1.00mL 移液管吸取 1.00mL 双氧水于 250.00mL 容量瓶中（容量瓶中预先装 100mL 去离子水），最后用去离子水稀释至刻线并摇匀。

用 25.00mL 移液管吸取双氧水稀释溶液 25.00mL 于 250mL 锥形瓶中，加入 30mL 去离子水，再加入 15mL 3mol/L 的 $H_2SO_4$，用 0.02mol/L 的 $K_2MnO_4$ 标准溶液滴定至溶液显粉红色，经过 30s 不褪色，即达终点。平行测定 3 次，计算过氧化氢百分含量，结果取平均值。

高锰酸钾具有强氧化性，会腐蚀碱式滴定管的橡胶部分，故应用酸式滴定管或通用滴定管盛装 $KMnO_4$ 溶液。$KMnO_4$ 是深色溶液，滴定管读数时应平视溶液的顶部。高锰酸钾的终点不太稳定，空气中的还原性物质会慢慢分解 $KMnO_4$，终点的红色会消失，所以一般认为终点经过 30s 不褪色即可认定已经达到终点。

### 4. 硫酸铁铵中铁离子含量的测定

在酸性条件下，三价铁和碘化钾反应析出碘，以 10g/L 淀粉作指示剂，用 0.1mol/L 硫代硫酸钠标准溶液滴定（硫代硫酸钠标准溶液的配制与标定参考 GB/T 601—2016）。

称取约 10g 硫酸铁铵，精确至 0.001g，移入 250mL 烧杯中。用（1+49）盐酸分次洗涤称量瓶，洗液并入盛试液的烧杯中，加（1+49）盐酸至约 100mL，搅拌溶解，在 50℃±5℃ 水浴中加热 15min；用已于 105~110℃ 干燥至恒重的坩埚式过滤器抽滤，用水洗涤残渣至洗液中不含氯离子（用硝酸银溶液检查）。将滤液和洗液移入 500mL 容量瓶中，加水至预定刻度，摇匀，即得试液。

用移液管移取 25mL 上述试液，置于 250mL 碘量瓶中，加 25mL 离子交换水，3g 碘化钾和 10mL(1+1) 盐酸，盖好瓶塞，摇匀，于暗处放置 30min。用 0.1mol/L 硫代硫酸钠标准溶液滴定至溶液呈淡黄色，加入 3mL 淀粉指示剂，继续滴定至蓝色消失。平行实验 3 次，同时做空白试验，结果取平均值。用质量分数表示结果，公式如下：

$$X_1 = \frac{c(V-V_0) \times 55.85}{1000 \times m \times \dfrac{25}{500}} \times 100\%$$

式中　$c$——硫代硫酸钠标准溶液的浓度，mol/L；

$V$——滴定中消耗硫代硫酸钠标准溶液的体积，mL；

$V_0$——空白试验中消耗硫代硫酸钠标准溶液的体积，mL；

$m$——试样的质量，g。

55.85——铁原子的摩尔质量，g/mol。

### 5. 氯化钠含量的测定

样品经处理后，以铬酸钾为指示剂（莫尔法），用硝酸银标准溶液滴定试液中的氯化钠，根据硝酸银标准溶液的消耗量，计算样品中氯化钠的含量。

实验原理：用 $AgNO_3$ 标准溶液滴定试样中的 NaCl，生成 AgCl 沉淀，待 AgCl 全部沉淀后，多滴加的 $AgNO_3$ 与铬酸钾指示剂生成铬酸银，使溶液呈砖红色即为终点，由 $AgNO_3$ 标准溶液的消耗量计算 NaCl 的含量。

其反应方程式为

$$AgNO_3 + NaCl \xrightarrow{\quad\quad} AgCl \downarrow (白色) + NaNO_3$$
$$2AgNO_3 + K_2CrO_4 \xrightarrow{\quad\quad} Ag_2CrO_4 \downarrow (砖红色) + 2KNO_3$$

终点颜色：砖红色。

硝酸银会见光分解，需要保存在棕色瓶中，勿使硝酸银与皮肤接触，使用完后滴定管要用蒸馏水多次冲洗，含银废液要注意回收。

# 三、实训操作

根据 HG/T 2631—2005 测定硫酸钴溶液中钴离子含量，自己制订实验方案，并完成实验报告。

实验报告如表 4-4-1、表 4-4-2 所示。

表 4-4-1　EDTA（0.05mol/L）标准溶液标定

| 项目 | | 标定次数 | | |
|---|---|---|---|---|
| | | 1 | 2 | 3 |
| 基准物质称量 | $m$（倾样前）/g | | | |
| | $m_1$（倾样后）/g | | | |
| | $m_2$（氧化锌）/g | | | |
| 移取试液体积/mL | | | | |
| 滴定管初读数/mL | | | | |
| 滴定管终读数/mL | | | | |
| 滴定消耗 EDTA 标准溶液的体积/mL | | | | |
| 体积校正值/mL | | | | |
| 溶液温度/℃ | | | | |
| 温度补正值/mL | | | | |
| 溶液温度校正值/mL | | | | |
| 实际消耗 EDTA 标准溶液的体积/mL | | | | |
| 空白值/mL | | | | |
| $c$/(mol/L) | | | | |
| $\bar{c}$/(mol/L) | | | | |
| 相对极差/% | | | | |

表 4-4-2　硫酸钴溶液中钴含量的测定

| 项目 | | 测定次数 | | |
|---|---|---|---|---|
| | | 1 | 2 | 3 |
| 试液移取 | 移液管标示体积/mL | | | |
| | 移液管实际体积/mL | | | |
| | 溶液温度/℃ | | | |
| | 温度补正值/mL | | | |
| | 溶液温度校正值/mL | | | |
| | 样品实际体积/mL | | | |
| 滴定管初读数/mL | | | | |
| 滴定管终读数/mL | | | | |
| 滴定消耗 EDTA 标准溶液的体积/mL | | | | |
| 体积校正值/mL | | | | |

续表

| 项目 | 测定次数 | | |
|---|---|---|---|
| | 1 | 2 | 3 |
| 溶液温度/℃ | | | |
| 温度补正值/mL | | | |
| 溶液温度校正值/mL | | | |
| 实际消耗 EDTA 标准溶液的体积/mL | | | |
| $c_{EDTA}/(mol/L)$ | | | |
| $\rho_{Co}/(g/L)$ | | | |
| $\overline{\rho}_{Co}/(g/L)$ | | | |
| 相对极差/% | | | |

## 四、实训评价

请学生和教师根据实训评价内容进行学生自评和教师评价，并根据评分标准将对应的得分填写于表 4-4-3 中。

表 4-4-3　化学滴定实训评价表

| 评价内容 | 评分标准/分 | 学生自评/分 | 教师评价/分 | 得分/分 |
|---|---|---|---|---|
| 所给溶液的浓度测定方案 | 20 | | | |
| 滴定操作技术 | 15 | | | |
| 树立正确严谨的滴定操作意识 | 15 | | | |
| 总计/分 | | | | |

## 实训五　玻璃管及塞子的加工与装配

### 一、实训目的

① 掌握玻璃管的加工技术。

② 掌握玻璃仪器实验装配技术。

③ 掌握正确的实验装置搭建方法。

### 二、实训知识

#### 1. 玻璃管加工的基本操作技术

**(1) 洗涤**

玻璃管在运输及保管过程中，内壁容易沾染一些尘土、污物，若不清除，会影响检测结果。因此，在玻璃管加工之前，需将玻璃管内壁冲洗干净，晾干。

**(2) 玻璃管的切割**

将洗净晾干的、粗细合适的玻璃管平放在台面上，一手紧捏玻璃管，一手握住锉刀，用锉刀刀刃在玻璃管的欲截断处沿着玻璃管的垂直方向，用力向前或向后划一锉痕（切记，不可来回划），用水湿一下锉痕，双手握住玻璃管，两手拇指抵住锉痕的背面，轻轻用力推压，两手拇指使劲，玻璃管即可在锉痕处断开，如图 4-5-1、图 4-5-2 所示。

若玻璃管较粗，用上述方法较难截断，可利用玻璃管骤热、骤冷易裂的性质，将粗玻璃管的锉痕处用水润湿，用一根末端拉细的玻璃管在灯焰上加热成熔球，立即接触锉痕处，玻璃管即可在锉痕处断开。

**(3) 玻璃管断面的熔光**

玻璃管截断后，断面非常锋利，极易划伤皮肤，损坏塞子和乳胶管，必须进行熔光处理。熔光时，玻璃管断面斜插入氧化焰中，前后移动并不断转动，烧到管口微红且光滑即可，如图 4-5-3 所示。不可熔烧太久，以免管口变形、缩小。

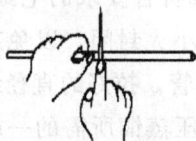 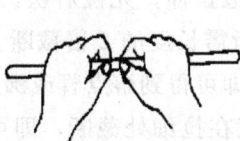 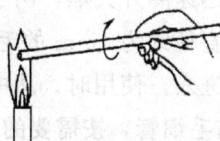

图 4-5-1　锉痕　　　　　图 4-5-2　截断　　　　　图 4-5-3　玻璃管断面的熔光

**(4) 玻璃管的弯曲**

弯玻璃管时，双手持玻璃管两端，把要弯曲的部位先进行预热，然后在火焰中加热，并不断缓慢转动玻璃管，同时左右移动，使受热均匀（为了加大玻璃管的受热面积，可用鱼尾灯头），如图 4-5-4 所示。当玻璃管开始变软时，迅速离开火焰，然后将玻璃管弯曲成所需要的角度，如图 4-5-5 所示。也可用吹气法弯制，即用右手食指或用棉花堵住右端管口，从左端管口吹气，迅速将玻璃管弯成所需的角度，如图 4-5-6 所示。玻璃管的弯曲部分，厚度和粗细必须保持均匀，里外要平滑。若玻璃管要弯成较小的角度，可分成几次完成。

加工后的玻璃管应立即进行退火处理，否则玻璃管容易爆裂。方法是将经高温熔烧的玻璃管在火焰中逐步降低温度，然后缓慢移出火焰，放在石棉网上自然冷却。

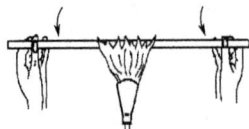

图 4-5-4　玻璃管的加热　　　　　　　　　图 4-5-5　玻璃管弯曲

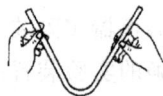

### (5) 滴管的拉制

双手持玻璃管的两端，将要拉细的部位预热，然后在火焰中加热，并不断缓慢地转动玻璃管，使玻璃管受热均匀。当玻璃管熔烧到变软时，迅速离开火焰，两手同时向两边拉伸，先慢后快，直到其粗细程度符合要求为止，拉出的细管与原玻璃管要在同一轴线上，如图 4-5-7 所示。冷却数秒钟，再放在石棉网上自然冷却至室温，从拉细部分的中间切断，即得两支一端粗一端细的玻璃管。将细管口在火焰中熔光，粗口熔烧至红热后，立即在石棉网上轻轻压下成卷边，或用锉刀柄斜放管口内迅速而均匀旋转，使管口成喇叭口形，冷却后装上胶头制成滴管。

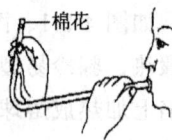

图 4-5-6　吹气法弯管　　　　　　　　　图 4-5-7　玻璃管拉细

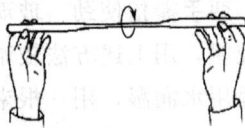

### (6) 毛细管的拉制

选用直径为 1cm 左右的干净玻璃管，双手持玻璃管的两端，将要拉细的部位预热，然后在火焰中加热，并不断缓慢地转动玻璃管，使玻璃管受热均匀。当玻璃管熔烧到变软时，迅速离开火焰，两手同时向两边拉伸，先慢后快，直到拉成符合要求的毛细管。拉好的直径约为 1mm 的毛细管，按所需长度的 2 倍截断，两端用小火封闭，以免灰尘和潮气进入。使用时，从中间截断，即可得到熔点管或沸点管的内管。拉好的直径约为 2mm 的毛细管，按需要的毛细管长度在拉细处截断，即可得到减压蒸馏所需的一端粗一端细的毛细管。

### 2. 塞子的加工

化学实验中仪器的封口、物质的制备、蒸馏仪器的连接等，都要用到塞子。化学实验室常用的塞子有玻璃磨口塞、橡胶塞、塑料塞和软木塞，仪器装配时多用橡胶塞和软木塞。

玻璃磨口塞能与带有磨口的瓶口很好地密合，密封性好。不同瓶子的磨口塞不能任意调换，否则不能很好密合。带有磨口的瓶子不适于盛放碱性物质。橡胶塞可以把瓶子塞得很严密，并可耐强碱性物质的侵蚀，但易被酸和某些有机物质（如汽油、丙酮、苯等）所侵蚀。软木塞不易与有机物作用，但易被酸碱所侵蚀。

**（1）塞子的选择**

塞子的大小应与仪器的口径相匹配，塞子进入仪器内的部分不得少于塞子本身高度的 1/2，也不能多于 2/3，如图 4-5-8 所示。

**（2）塞子的钻孔**

橡胶塞有弹性，孔道钻成后会收缩，孔径变小，因此要选一个比要插入橡胶塞的玻璃管口径略粗的钻孔器。钻孔时，将塞子小的一端朝上，平放在桌面上的一块木板上（避免钻坏桌面），左手持塞，右手握住钻孔器的柄，如图 4-5-9 所示。钻孔前在钻孔器刀口涂上甘油或水，将钻孔器按在选定的位置上，向同一方向一面旋转一面用力向下压。钻孔器要垂直于桌面，不能左右摇摆，更不能倾斜，以免把孔钻斜。塞子钻通后，向钻孔时的反方向旋转拔出钻孔器，捅出钻孔器里的橡胶。钻孔后，检查孔道是否合适、光滑，若孔径略小或孔道不光滑，可用圆锉修正。软木塞钻孔与橡胶塞的钻孔方法相同，但钻孔器的口径比计划插入的玻璃管外径要略小一点。

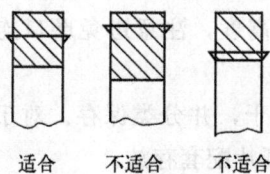

适合　　不适合　　不适合

图 4-5-8　塞子的选择　　　　　　　图 4-5-9　钻孔方法

**3. 玻璃仪器装配技术**

**（1）一般仪器的连接与安装**

一般仪器的连接与安装是根据装置图，选择合适的仪器及其配套的玻璃管、乳胶管、橡胶塞等，洗净、晾干，按所用热源位置的高低，将仪器由下而上，从左到右，依次固定、连接好。

当塞子与玻璃管连接时，先将玻璃管的前端用甘油或水润湿，然后一手持塞子，一手握住玻璃管（手距玻璃管插入端 2～3cm），缓慢旋转玻璃管将其插入塞子孔中，如图 4-5-10 所示。插入玻璃管时，手不能距玻璃管的插入端太远，插入和拔出弯管时，握持位置不能放在弯曲处，否则易把玻璃管折断。

将玻璃管与乳胶管连接时，也要将玻璃管插入端润湿后再旋转插入，并尽可能使被连接的两玻璃管在乳胶管内相碰，且使它们在同一直线上。

整个仪器安装完毕后，要认真检查各连接部位的密闭性、完好性，使仪器装置紧密稳妥，保证实验的顺利进行。

实验结束后，应按安装时相反的顺序拆除仪器装置，拆除后的仪器要洗干净、晾干，分类妥善保管。

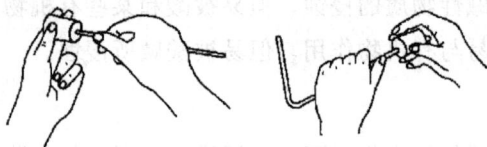

图 4-5-10　玻璃管与塞子的连接方法

**（2）磨口仪器的装配**

在化学实验中，还常用到由硬质玻璃制成的标准磨口玻璃仪器。由于玻璃仪器的大小及用途不同，标准磨口的大小也不同。常用的标准磨口系列根据磨口的规格进行编号。凡属同类规格的标准内外磨口均可互相紧密连接，因此，可根据需要选配和组装各种类型的成套仪器。

磨口仪器的装配与一般仪器的安装程序相似，实验中可省去钻孔等多项操作，比普通玻璃仪器安装方便，密闭性好。磨口仪器连接安装时应注意以下几点。

① 安装仪器之前，磨口接头部分应清洗干净，擦干，防止磨口连接不紧密。但不能用去污粉擦洗，以免损坏磨口。

② 常压下使用磨口仪器，一般不涂润滑剂，以免污染反应物或产物。当反应中有强碱存在时，应在磨口处涂润滑剂，以防止磨口连接处受碱腐蚀而黏结。

③ 安装仪器时，要紧密、整齐，调整好角度和高度，注意避免磨口连接处受力不均衡而使仪器碎裂。

④ 实验完毕后，应立即将装置拆卸、洗净、晾干，并分类保存。对于带活塞、塞子的磨口仪器，活塞、塞子不能随意调换，应垫上纸片配套存放。

## 三、实训操作

① 用玻璃管烧制玻璃弯管和滴管，并将烧制方法填写于表 4-5-1 中。

表 4-5-1　烧制玻璃弯管和滴管

| 项目 | 烧制方法 |
|---|---|
| 玻璃弯管 | |
| 滴管 | |

② 用以下给定的仪器搭建一套蒸馏装置：24/29 100mL 单口烧瓶 1 只、24/29 蒸馏头 1 只、24/29 塞子 1 只、200mm/24×24 直形冷凝管 1 支、24/29 尾接管 1 支、100mL 具塞锥形瓶 1 只、橡胶管 3 条、100mL 烧杯 1 只、生料带 1 卷、磁力搅拌子、磁力搅拌电加热套、铁架台、虎头夹、十字夹、升降台、温度计等。

## 四、实训评价

请学生和教师根据实训评价内容进行学生自评和教师评价，并根据评分标准将对应的得分填写于表 4-5-2 中。

表 4-5-2　玻璃管及塞子的加工及装配实训评价表

| 评价内容 | 评分标准/分 | 学生自评/分 | 教师评价/分 | 得分/分 |
|---|---|---|---|---|
| 掌握玻璃管加工技术 | 20 | | | |
| 掌握玻璃仪器实验装配技术 | 15 | | | |
| 掌握正确的实验装置搭建方法 | 15 | | | |
| 总计/分 | | | | |

# 实训六 加热和干燥

## 一、实训目的

① 掌握实验室常用的加热、干燥的方法。

② 能熟练进行加热、干燥操作。

③ 树立正确的防护意识和安全意识。

## 二、实训知识

化学实验室经常会根据实验操作需求、化学试剂的性质等对反应试剂进行加热、干燥等操作。为了使实验能顺利进行，一般需要选择合适的加热、干燥的方式。

### 1. 加热

化学实验室常用的热源有乙醇、煤气和电能等。酒精灯是以乙醇为燃料的加热工具，广泛用于实验室、工厂等，其燃烧过程中不会产生烟雾，而且可以通过对器械灼烧达到灭菌的目的。

图 4-6-1 普通酒精灯

**(1) 普通酒精灯**

普通酒精灯如图 4-6-1 所示。根据盛装乙醇的容积，有 60mL、150mL、250mL 及其他规格。

正常使用的普通酒精灯火焰分为焰心、内焰和外焰三部分，二者温度的高低顺序为外焰＞内焰＞焰心。

在化学实验中常用酒精灯进行低温加热，做较高温度的实验时，酒精灯就难以奏效了。

① 酒精灯的规范操作方法。

首先配置灯芯。灯芯通常是用多股棉纱线拧在一起，插进灯芯瓷套管中。灯芯不要太短，一般浸入乙醇后还要长 4～5cm。对于旧灯，特别是长时间未用的灯，在取下灯帽后，应提起灯芯瓷套管，用洗耳球或嘴轻轻地向灯内吹一下，以赶走其中聚集的乙醇蒸气，再放下套管检查灯芯，若灯芯不齐或烧焦，应用剪刀修整为平头。

灯壶内乙醇不能装得太满，以不超过灯壶容积的 2/3 为宜（乙醇量太少则灯壶中乙醇蒸气过多，易引起爆燃；乙醇量太多则受热膨胀，易使乙醇溢出，发生事故）。添加乙醇时一定要借助一个小漏斗，以免将乙醇洒出。燃着的酒精灯，若需添加乙醇，必须熄灭火焰，绝不允许燃着时加乙醇，否则很易着火，造成事故。万一洒出的乙醇在桌上燃烧起来，要立即用湿棉布铺盖灭。用完酒精灯，火焰必须用灯帽盖灭，不可用嘴吹灭，以免引起灯内乙醇燃烧，发生危险。

新灯加完乙醇后须将新灯芯放入乙醇中浸泡，移动灯芯套管使每端灯芯都浸透，然后调好其长度，才能点燃。因为未浸过乙醇的灯芯，一经点燃会烧焦。

点燃酒精灯一定要用燃着的火柴，绝不能用一盏酒精灯去点燃另一盏酒精灯，否则易将乙醇洒出，引起火灾。

加热时若无特殊要求，一般用外焰来加热器具。被加热的器具与灯焰的距离要合适，过远或过近都不正确，与灯焰的距离通常用灯的垫木或铁环的高低来调节。被加热的器具必须放在支撑物（三脚架、铁环等）上或用坩埚钳、试管夹夹持，绝不允许手拿仪器加热。

熄灭灯焰时，可用灯帽将其盖灭，如果是玻璃灯帽，盖灭后需再重盖一次，放走乙醇蒸气，让空气进入，免得冷却后造成盖内负压使盖打不开；如果是塑料灯帽，则不用盖两次，因为塑料灯帽的密封性不好。

不用的酒精灯必须将灯帽罩上，以免乙醇挥发，因为酒精灯中的乙醇，不是纯乙醇，所以挥发后，会有水在灯芯上，致使酒精灯无法点燃。如长期不用，灯内的乙醇应倒出，以免挥发；同时在灯帽与灯颈之间应夹小纸条，以防粘连。

给玻璃仪器加热时应把仪器外壁擦干，否则仪器容易炸裂；给试管中的药品加热，首先必须预热，然后再对着药品部位加热，加热时不能让试管接触灯芯，否则试管会炸裂。

② 用酒精灯加热操作注意事项。

用酒精灯可以对试管、烧瓶、烧杯、蒸发皿加热，在加热固体时可用干燥的试管、蒸发皿等，有些仪器如集气瓶、量筒、漏斗等不允许用酒精灯加热。注意烧杯、烧瓶不可直接放在火焰上加热，应放在石棉网上加热。

如果被加热的玻璃容器外壁有水，应在加热前擦拭干净，然后加热，以免容器炸裂。

加热的时候，不要使玻璃容器的底部跟灯芯接触，也不要离得很远，距离过近或过远都会影响加热效果。烧得很热的玻璃容器，不要立即用冷水冲洗，否则可能破裂，也不要立即放在实验台上，以免烫坏实验台。

给试管里的固体加热，应当进行预热。预热的方法是：在火焰上来回移动试管，对已固定的试管，可移动酒精灯，待试管均匀受热后，再把灯焰固定在放固体的部位加热。

给试管里的液体加热，也要进行预热，同时注意液体体积最好不要超过试管体积的1/3。加热时，使试管斜一定角度（45°左右），在加热时要不时地移动试管，为避免试管里的液体沸腾喷出伤人，加热时切不可将试管口朝着自己和有人的方向，试管夹应夹在试管的中上部，手应该持试管夹的长柄部分，以免大拇指将短柄按下，造成试管脱落。

要特别注意在夹持时应该从试管底部往上套，撤除时也应该由试管底部撤出。

**（2）酒精喷灯**

酒精喷灯火焰温度可达 1000℃左右，常用于玻璃仪器的加工。常用的酒精喷灯有座式酒精喷灯和挂式酒精喷灯。酒精喷灯点火时，首先调小灯管上的空气调节杆，在预热盘中注入乙醇并点燃，使铜管受热；待盘中乙醇将近燃完时，喷管温度上升，使自贮罐内上升的乙醇在灯管内受热汽化，与来自气孔的空气混合，火柴点燃管口即可产生高温火焰。此时可以调节调节杆来控制火焰的大小。火焰温度很大程度上受喷管内混合物空燃比的影响。空燃比是指空气与燃料混合物内空气与燃料的量之比。空气调节杆可以调节酒精喷灯喷管的进气量，从而调节空燃比。在适当的范围内增加空气进气量，可以使火焰温度达到很理想的高温。

用毕后，对挂式酒精喷灯，旋紧开关，同时关闭乙醇贮罐下的活栓，就能使灯焰熄灭；对座式酒精喷灯，用石棉网覆盖喷口以熄灭火焰。严禁使用开焊的酒精喷灯。

酒精喷灯的使用步骤如下：

① 旋开壶体上加注乙醇的旋塞，通过漏斗把乙醇倒入壶体至灯壶总容量的 2/5～2/3，不得注满，也不能过少。过满易发生危险，过少则灯芯线会被烧焦，影响燃烧效果。拧紧旋塞。不能在酒精喷灯燃烧时向罐内加注乙醇，以免引燃罐内的乙醇蒸气。

**注意**：由于灯管内的乙醇蒸气喷口较细（常见型号直径为 0.55mm），易被灰粒等堵塞，从而难以引燃，因此每次使用前要检查喷口，如发现堵塞，应该用探针将喷口刺通。新灯或长时间未使用的酒精喷灯，点燃前须将灯体倒转 2～3 次，使灯芯浸透乙醇。

② 将酒精喷灯放在石棉板或大的石棉网上，转动空气调节器，把入气孔调到最小。向预热盘中注入约 2/3 容量的乙醇并将其点燃。待预热管内乙醇受热汽化并从喷管喷出时，预热盘内燃着的火焰就会将喷出的乙醇蒸气点燃。有时也需用火柴点燃。

③ 当喷口火焰点燃后，再通过空气调节杆调节进气量，使火焰达到所需的温度。在一般情况下，进入的空气越多，火焰温度越高。

④ 停止使用时，可用石棉网或废木板平压覆盖喷管口，灯焰一般即可熄灭。覆盖管口的同时也可用湿布冷却灯座并调大进气量以熄火。稍后，垫一块布（防烫伤）拧松壶体上的旋塞（铜帽），使灯壶内的乙醇蒸气放出。

⑤ 酒精喷灯使用完毕，应将剩余乙醇倒出。

酒精喷灯常见问题及维护：

① 酒精喷灯喷火一开始火焰正常，待预热碗里的乙醇烧完以后，火焰渐渐变小，最后熄灭。这是因为喷管尾端没有火焰喷出到预热碗。可在重新预热前将空气调节阀调小。

② 壶内乙醇暴沸，喷口无气体喷出，这是因为喷孔堵塞，比较危险。首先用湿抹布盖住壶体，或用冷水泼洒，使壶体降温。随后检查壶体，确认无损坏后，用探针疏通喷孔。

③ 喷出气体无法燃烧，这是因为乙醇浓度过低，可换用高浓度乙醇。

④ 喷出气体量少，这是因为灯芯烧焦，或灯芯塞得太紧。前者更换灯芯；后者将灯芯适当减细。

### （3）煤气灯

煤气灯是实验室中的加热器具。由带煤气入口管的灯座、螺栓、下部有小孔的金属管等组成。旋转螺栓可调节进入灯座内的煤气量；旋转金属管可调节进入灯座的空气量，以达到控制火焰温度的目的。

常用的煤气灯是本生灯。本生灯火焰分三层：内层为水蒸气、一氧化碳、氢、二氧化碳和氮、氧的混合物，温度约为 300℃，称为焰心；中层内煤气开始燃烧，但燃烧不完全，火焰呈淡蓝色，温度约为 500℃，称还原焰；外层煤气燃烧完全，火焰呈淡紫色，温度可达 800～900℃，称为氧化焰，此处的温度最高，故加热时可利用氧化焰，即外焰。煤气灯燃烧效率高，产生污染小，因此多用于实验室中。

煤气灯的操作步骤：

① 把实验室的窗户打开，保持空气流通，避免强光照射。

② 把本生灯胶喉与煤气管接上，并放在防火板上。

③ 先把灯脚的空气调节器关闭，并在出气口上点燃火柴。

④ 启动煤气，把灯点燃，这时火焰为橙色。

⑤ 打开空气调节器让新鲜空气进入，火焰转为蓝色，温度变高。

⑥ 使用完毕后，先把气孔关上，再关掉煤气。

⑦ 把煤气管拔出。

### (4) 电能加热设备

化学实验室常用的电能加热设备有普通电炉、马弗炉、管式炉、电加热套等，如图 4-6-2 所示。

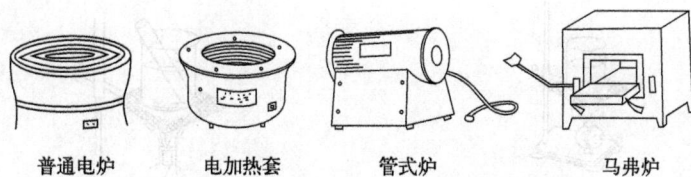

普通电炉　　　电加热套　　　管式炉　　　马弗炉

图 4-6-2　化学实验室常用电能加热设备

## 2. 加热方法

一般根据试剂性质、用量、盛放该试剂的器皿及加热程度，选择不同的加热方法。加热的实验容器有试管、烧杯、蒸发皿、坩埚等，它们能承受一定的高温，但不能骤热或骤冷。加热前，应将上述容器外壁擦干。

### (1) 直接加热法

① 试管中的液体加热：先用试管夹夹在试管中上部，试管口略向上倾斜，管口朝向没有人的地方。用酒精灯或酒精喷灯的火焰加热试管中液体的中上部，并不时上下移动，使试管内液体受热均匀，否则很容易引起暴沸，使液体从试管口冲出。试管中的液体不得超过试管容积的 1/3，如图 4-6-3 所示。

② 试管中的固体加热：先将块状或粒状试剂研细，然后用纸槽或药匙装入试管底部，试剂量不能超过试管的 1/3，铺平，试管口略向下倾斜，防止凝结在管口的水滴倒流至灼热的试管底部，引起试管炸裂。加热时，先将酒精灯或酒精喷灯来回移动，以达到预热整个试管外部的目的。加热时灯焰从试剂的前端缓慢向后移动，最后在固体试剂部位集中加热，如图 4-6-4 所示。

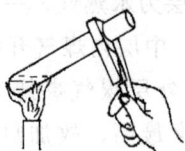

图 4-6-3　加热试管中的液体　　　　　图 4-6-4　加热试管中的固体

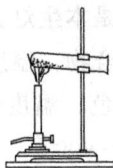

③ 烧杯或烧瓶中的液体加热：将盛有液体试剂的烧杯或烧瓶放在石棉网上加热，以免受热不均造成玻璃器皿破裂，如图 4-6-5 所示。

④ 坩埚中的固体加热：高温加热固体试剂时，可以放在坩埚中加热灼烧。坩埚受热均匀后加大火焰，灼烧一段时间后，停止加热，并在泥三角上冷却，冷却后放在干燥器内。

**(2) 间接加热法**

为了使加热物质受热均匀，或进行恒温加热，实验室常采用水浴、油浴、沙浴等方法进行间接加热。

① 水浴加热：当要求均匀加热试剂且温度不超过100℃时，可采用水浴加热，如图 4-6-6 所示。

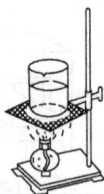

图 4-6-5　加热烧杯中的液体　　　　　图 4-6-6　水浴加热

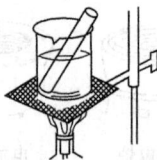

采用电热恒温水浴锅可实现恒温控制，使用前须先加好水，锅内水位应保持约 2/3 高度处且严禁水位低于电加热管，然后再通电。图 4-6-7 所示为两孔电热恒温水浴锅。

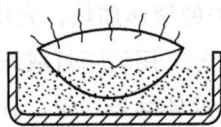

② 油浴加热：油浴温度为 100～250℃，可用油浴锅或大烧杯进行油浴加热。

③ 沙浴加热：当加热温度要求高于100℃时，可用沙浴，被加热器皿放在热沙上进行加热，如图 4-6-8 所示。

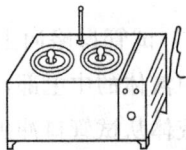

图 4-6-7　两孔电热恒温水浴锅　　　　图 4-6-8　沙浴加热

### 3. 物质的干燥

干燥是将物体中含有的少量水分或少量有机溶剂去除的物理化学过程。

干燥的方法有物理方法和化学方法。物理方法有加热、真空干燥、分馏及吸附等；化学方法是用干燥剂脱水。化学实验室中常用的干燥剂见表 4-6-1。

表 4-6-1　化学实验室中常用的干燥剂

| 干燥剂 | 应用范围 | 备注 |
|---|---|---|
| 氯化钙 | 烷烃、卤代烃、烯烃、酮、醚、硝基化合物、氯化氢 | 吸水量大，作用快 |
| 硫酸钠 | | 吸水量大，作用慢，效率低 |
| 硫酸镁 | | 比硫酸钠作用快，效率高 |
| 硫酸钙 | 烷、醇、醚、醛、酮、芳香烃等 | 吸水量小，作用快，效率高 |
| 碳酸钾 | 醇、酮、酯等 | 不适用于酚、酸类化合物 |
| 氢氧化钾氢氧化钠 | 胺、杂环等碱性物质 | 不适用于酸性物质，快速有效 |
| 氧化钙 | 低级醇、胺 | 作用慢，效率高 |
| 金属钠 | 醚、三级胺 | 不适用于醇、卤代烃等，快速有效 |
| 浓硫酸 | 脂肪烃、烷基卤代物 | 不适用于醇、烯、醚及碱性化合物，效率高 |
| 五氧化二磷 | 醚、烃、卤代烃、二氧化碳等 | 不适用于醇、酮、碱性化合物、HCl、HF 等，效率高，吸收后需蒸馏分离 |
| 分子筛 | 有机物 | 作用快，效率高，可再生使用 |
| 硅胶 | 吸潮保干 | 不适用于 HF |

**（1）气体的干燥**

实验室制备的气体常混有水汽、酸雾和其他杂质等，根据气体及杂质的种类、性质需要合理选择干燥方法。

干燥气体常用的仪器有干燥管、干燥塔、洗气瓶、U 形管等。

**（2）有机液体的干燥**

有机液体可选用适当的干燥剂进行干燥。一般先用吸水量大的干燥剂初步干燥，除去有机液体中的大量水，再将有机液体置于锥形瓶中，加入适量颗粒大小合适的干燥剂，塞紧瓶口，不断振摇，并放置一段时间，最后进行固液分离。

当浑浊有机液体变澄清，干燥剂不再黏附在容器壁上时，表明水分已基本除去。有些液体有机物也可用分馏或形成共沸混合物的方法去除水分。

**（3）固体的干燥**

对于在空气中稳定不吸潮或含有易燃、易挥发溶剂的固体，可放在干燥、洁净的表面皿或其他器皿上，在空气中慢慢自然晾干。

对于熔点较高且热稳定的固体，可放在表面皿中，用恒温烘箱或红外灯加热干燥。有时也会先用水浴或在石棉网上加热蒸发，再用烘箱烘干。

对于易吸潮、分解或升华的固体，可放在干燥器中干燥。

普通干燥器是一种磨口的厚玻璃器具，磨口涂有凡士林，底部有一多孔瓷板，下面放置干燥剂，上面放置盛有待干燥固体的表面皿或样品瓶等。开启干燥器时，左手按住干燥器的下部，右手拿住盖子上的把手，向左前方推开干燥器盖子，盖子取下后磨口向上放在实验台上，左手放入或取出器皿。放盖时，拿住盖上把手，顺原方向推动盖子。

移动干燥器时，两手拇指同时按住干燥器的盖子，防止滑落打碎。

真空干燥器的干燥效果较好。真空干燥器上有玻璃活塞，用于抽真空。使用时，真空度不宜过高，一般用水泵抽气。启盖前，必须先慢慢放入空气，然后再启盖。

真空恒温干燥器适用于少量物质的干燥。将待干燥的固体置于夹层干燥筒内，吸湿瓶内装有干燥剂 $P_2O_5$。使用时，通过活塞抽真空，加热烧瓶中的有机溶剂，利用蒸气加热夹层，从而使药品在恒定温度下得到干燥。

## 三、实训操作

① 用酒精灯加热烧杯和试管中的水，并将加热方法填写于表 4-6-2 中。

② 用酒精灯加热坩埚中的水，并将加热方法填写于表 4-6-2 中。

③ 用水浴和油浴加热水，并将加热方法填写于表 4-6-2 中。

④ 用普通干燥器干燥氧化锌，并将干燥方法填写于表 4-6-3 中。

表 4-6-2　水的加热方法

| 分类 | 加热方法 |
| --- | --- |
| 烧杯、试管 | |
| 坩埚 | |
| 水浴 | |
| 油浴 | |

表 4-6-3　干燥氧化锌的方法

| 名称 | 干燥方法 |
| --- | --- |
| 氧化锌 | |

## 四、实训评价

请学生和教师根据实训评价内容进行学生自评和教师评价，并根据评分标准将对应的得分填写于表 4-6-4 中。

表 4-6-4　加热和干燥实训评价表

| 评价内容 | 评分标准/分 | 学生自评/分 | 教师评价/分 | 得分/分 |
|---|---|---|---|---|
| 掌握实验室常用的加热、干燥方法 | 20 | | | |
| 能熟练进行加热、干燥操作 | 15 | | | |
| 树立正确的防护意识和安全意识 | 15 | | | |
| 总计/分 | | | | |

## 实训七 溶解和搅拌

### 一、实训目的

① 掌握实验室常用的溶解、搅拌方法。
② 能熟练进行溶解、搅拌的操作。
③ 树立正确的防护意识和安全意识。

### 二、实训知识

#### 1. 溶解

溶解操作是化学实验中常见的一种基本操作。需要根据溶质和溶剂的性质、溶解的目的等，合理选择溶剂及溶解条件，才能对物质进行正确溶解。

溶解是溶质在溶剂中分散形成溶液的过程，是一个复杂的物理化学过程，一般伴随热效应。物质在溶解时，若吸热，其溶解度随温度的升高而增大；若放热，其溶解度随温度的升高而减小。

溶解常用的无机溶剂有以下几种：

① 水：主要用于溶解可溶性的硝酸盐、铵盐、硫酸盐、氯化物和碱金属化合物等。
② 酸性溶剂：主要有硝酸、盐酸、硫酸、氢氟酸、磷酸、王水等。
③ 碱性溶剂：主要有氢氧化钠溶液、氢氧化钾溶液等。

#### 2. 搅拌

物质在加热、溶解、冷却及化学反应时，常常需要搅拌，常用的搅拌器有以下几种。

#### (1) 玻璃棒

用玻璃棒搅拌液体时，手持玻璃棒并转动手腕，使玻璃棒带动容器中的液体均匀转动，使溶质与溶剂充分混合。

**注意**：搅拌液体时，玻璃棒不能沿器壁划动或抵着容器底部划动，不要用力过猛，否则液体容易溅出，甚至打破器壁。

#### (2) 电动搅拌器

快速或长时间搅拌可选用电动搅拌器，其结构如图4-7-1所示。搅拌器夹头与搅拌叶相连，搅拌叶由金属或玻璃棒加工而成，其形状各异，可搅拌不同性质的物质或在不同容器中使用，如图4-7-2所示。

使用电动搅拌器时应注意：

① 搅拌叶要装正、装牢固，不能与容器壁或容器底接触。一般在启动前，可先用手转动搅拌叶，检查是否符合要求。

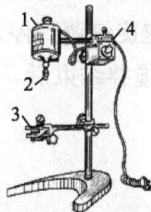

图 4-7-1　电动搅拌器
1—微型电动机；2—搅拌器夹头；
3—大烧瓶夹；4—转速调节器

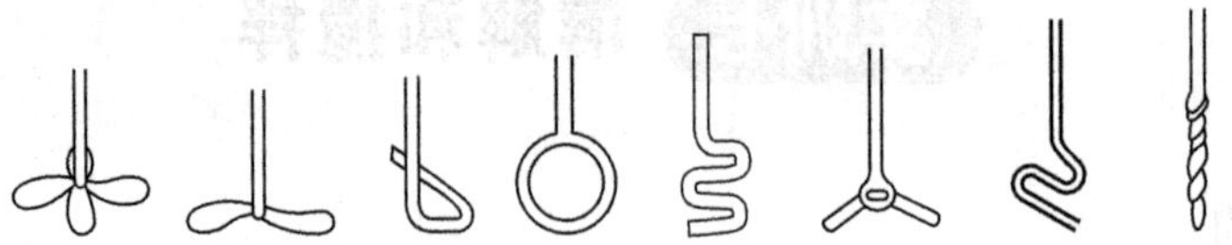

图 4-7-2　常用搅拌叶

② 使用时先慢速，再慢慢加快转速；停止时也要逐步减速。搅拌速度不要太快，以免液体飞溅。

③ 搅拌器长时间使用会对电动机不利，中间可稍停片刻再使用。

### (3) 磁力搅拌器

磁力搅拌器利用了磁场对磁铁的吸引作用，磁铁在转动时，在磁场作用下，装有磁铁的转子会跟着一起转动，从而实现搅拌操作，装置如图 4-7-3 所示。

磁力搅拌适用于搅拌体积小、黏度低的液体，常用于滴定分析，也用于有机合成反应或无机反应。磁力加热搅拌器既能加热又能搅拌，使用非常便捷。装置如图 4-7-4 所示。

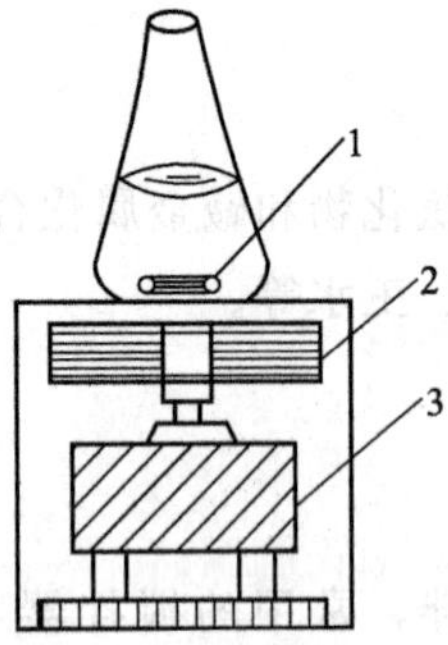

图 4-7-3　磁力搅拌器

1—转子；2—磁铁；3—电动机

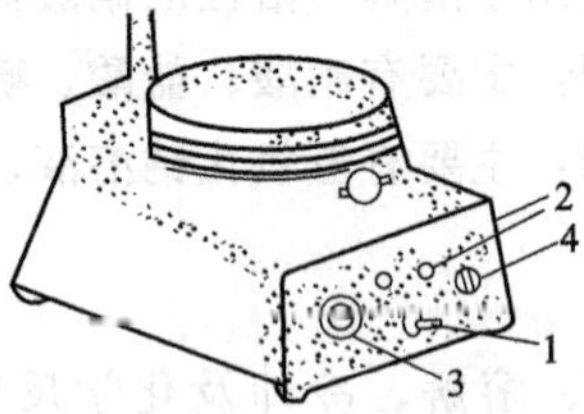

图 4-7-4　磁力加热搅拌器

1—电源开关；2—指示灯；3—调速旋钮；4—加热调节旋钮

使用磁力搅拌时应注意：

① 磁力搅拌器工作时必须接地。

② 转子要沿容器壁轻轻滑入容器底部。

③ 先将转子放入容器中，再将容器放在搅拌器上。打开电源后，要缓慢调节调速旋钮进行搅拌。速度过快会使转子脱离磁铁的吸引，不停地跳动，出现此情况时，应迅速将调速旋钮调到停止的位置，待转子停止跳动后再逐步加速。

④ 搅拌结束后，要先取出转子，再倒出液体，立即洗净转子并保存好。

## 三、实训操作

① 根据表 4-7-1 给定的物质，选用适当的溶剂进行溶解练习，并将它们的溶解性质填写于表中。

表 4-7-1　部分溶剂和溶质的溶解性质

| 物质 | | 溶解性质 |
|---|---|---|
| 溶剂 | 水 | |
| | 20% HCl | |
| | 5% HNO₃ | |
| | 3mol/L H₂SO₄ | |
| | 0.5mol/L NaOH | |
| 溶质 | 氯化钠 | |
| | 锌粉末 | |
| | 硫酸铁铵 | |
| | 乙酸铵 | |

② 根据给定的搅拌仪器，分别采用玻璃棒、磁力搅拌器、电动搅拌器等，对给定溶液进行搅拌练习。

## 四、实训评价

请学生和教师根据表 4-7-2 的实训评价内容进行学生自评和教师评价，并根据评分标准将对应的得分填写于表中。

表 4-7-2　溶解、搅拌实训评价表

| 评价内容 | 评分标准/分 | 学生自评/分 | 教师评价/分 | 得分/分 |
|---|---|---|---|---|
| 掌握实验室常用的溶解、搅拌方法 | 20 | | | |
| 能熟练进行溶解和搅拌操作 | 15 | | | |
| 树立正确的防护意识和安全意识 | 15 | | | |
| 总计/分 | | | | |

# 模块五 物质物理常数的测定

## 实训一 沸点和沸程的测定

### 一、实训目的

① 掌握沸点、沸程的测定原理。

② 掌握沸点、沸程的测定方法。

③ 能正确使用沸点、沸程测定装置。

### 二、实训知识

沸点是液体重要的物理常数之一。根据物质的沸点可以定性鉴定物质，进行工业生产过程控制分析及产品质量检测。

通常把液体在标准大气压（101.325kPa）下沸腾时的温度称为该物质的沸点。沸点的高低与液体所受的外界压力有关。外界压力越大，液体沸腾时的蒸气压越大，沸点就越高；相反，外界压力减小，液体沸腾时的蒸气压也降低，沸点就降低。沸点是检验液体化合物纯度的标志之一。

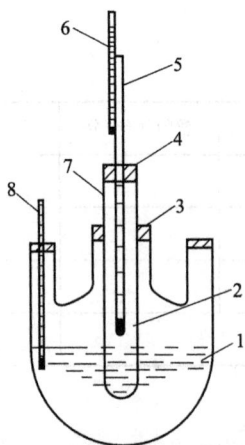

图 5-1-1　测定沸点装置

1—三口圆底烧瓶；2—试管；

3，4—胶塞；5—主温度计；

6—辅助温度计；7—侧孔；8—温度计

在规定条件下（101.325kPa），蒸馏规定体积（一般为 100mL）的液体试样，第一滴馏出物从冷凝管末端滴下的瞬间温度（初馏点）至蒸馏瓶底最后一滴液体蒸发的瞬间温度（终馏点）的温度差称为沸程。测定沸程必须按规定条件进行，并严格规定加热至初馏点的时间。

#### 1. 沸点的测定

常用的测定沸点的方法有常量法和微量法（毛细管法），本实训主要介绍常量法。常量法对于受热易分解、易氧化的化合物效果更好。

图 5-1-1 为测定沸点的装置。三口圆底烧瓶容积为500mL。试管长 190～200mm，距试管口约 15mm 处有一直径为 2mm 的侧孔。胶塞外侧具有出气槽。主温度计为内标式单球温度计，分度值为 0.1℃，量程适宜。辅助温度计分度值为 1℃。

① 在试管中加入适量试样，使其液面略低于烧瓶中载热体的液面。

② 加热烧瓶，当主温度计温度上升到某一数值并在相当时间内保持不变时，此温度即为试样的沸点。

③ 记录温度计读数、大气压和室温。

**2. 沸程的测定**

测定沸程通常采用蒸馏法，在标准化的蒸馏装置中进行。此法操作简单、迅速、重现性好。

**(1) 测定原理**

在规定条件下，对 100mL 试样进行蒸馏，观察初馏温度和终馏温度。也可规定一定的蒸出体积，测定对应的温度范围，或在规定的温度范围测定馏出体积及残留量和损失量。

**(2) 测定仪器**

测定沸程的标准化蒸馏装置如图 5-1-2 所示。

蒸馏瓶用硅硼酸盐玻璃制成，有效容积为 100mL。主温度计为水银单球内标式，分度值为 0.1℃，量程适当。辅助温度计分度值为 1℃。直形水冷凝管用硅硼酸盐玻璃制成。接收器容积为 100mL，分度值为 0.5mL，亦可用 100mL 量筒作接收器。

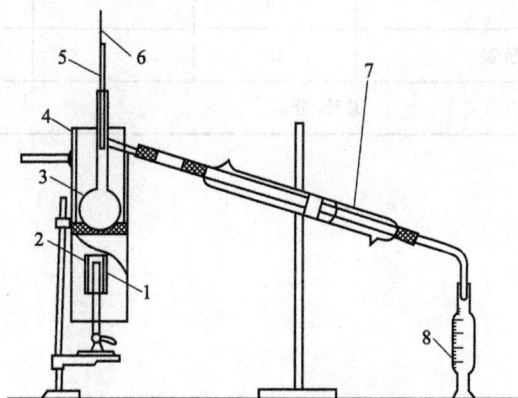

图 5-1-2　测定沸程蒸馏装置

1—热源；2—热源的金属外罩；3—蒸馏瓶；4—蒸馏瓶的金属外罩；

5—主温度计；6—辅助温度计；7—冷凝器；8—接收器

**(3) 测定方法**

① 按图 5-1-2 安装蒸馏装置。注意要使主温度计水银球上端与蒸馏瓶和支管结合部的下沿保持水平。

② 用接收器量取 100mL±1mL 试样于蒸馏瓶中，加入几粒洁净而干燥的沸石，装好温度计，将接收器置于冷凝管下端，使冷凝管口进入接收器部分不少于 25mm，也不低于 100mL 刻度线。接收器口塞上棉塞，并确保向冷凝管稳定提供冷却水。

③ 根据不同试样，控制蒸馏速度。一般对于沸程低于 100℃ 的试样，应使第一滴冷凝液滴入接收器的时间为 5～10min；对于沸程高于 100℃ 的试样，时间应控制在 10～15min；此后将蒸馏速度控制在 4～5mL/min。

④ 记录温度计读数、室温及大气压。

## 三、实训操作

用常量法测定离子交换水的沸点和沸程，并将测定结果填入表 5-1-1。

表 5-1-1　用常量法测定离子交换水的沸点和沸程

| 物质名称 | 沸点/℃ | 沸程/℃ |
|---|---|---|
| 离子交换水 | | |

## 四、实训评价

请学生和教师根据表 5-1-2 的实训评价内容进行学生自评和教师评价，并根据评分标准将对应的得分填写于表中。

表 5-1-2　沸点和沸程的测定实训评价表

| 评价内容 | 评分标准/分 | 学生自评/分 | 教师评价/分 | 得分/分 |
|---|---|---|---|---|
| 掌握沸点和沸程的测定原理 | 20 | | | |
| 掌握沸点和沸程的测定方法 | 15 | | | |
| 会正确使用沸点和沸程测定装置 | 15 | | | |
| 总计/分 | | | | |

# 实训二 熔点的测定

## 一、实训目的

① 掌握熔点的测定原理。

② 掌握熔点的测定方法。

③ 会正确使用熔点测定装置。

## 二、实训知识

熔点也是固体物质重要的物理常数。

熔点的测定方法有多种。本实训主要介绍提勒管式熔点测定方法。

仪器：提勒管、橡胶塞、熔点管、长玻璃管（70～80cm）、玻璃棒、表面皿、橡胶圈、酒精灯、铁架台、温度计。

取少许研磨成粉末的待测熔点的干燥样品（约 0.1g）于干净的表面皿上并集成一堆。将熔点管开口端向下插入粉末中，然后把熔点管开口端向上，从与桌面垂直的长玻璃管的上端放入，使其自由落下，以使粉末落入和填紧管底，一般需如此重复数次，使管内装入高 2～3mm 紧密结实的样品。沾于管外的粉末须拭去，以免玷污加热浴液。要测得准确的熔点，样品一定要研磨得极细，装得密实，使热量的传导迅速、均匀。

将提勒管垂直夹于铁架上，以浓硫酸作为加热液体，将装有样品的熔点管用橡胶圈固定在温度计上。以小火缓缓加热。开始时升温速度可以较快，到距离熔点 10～15℃时，调整火焰使每分钟上升 1～2℃，越接近熔点，升温速度应越慢（掌握升温速度是准确测定熔点的关键），一方面是为了保证有充足的时间让热量由管外传至管内，以使固体熔化，另一方面因观察者不能同时观察温度计所示度数和样品的变化情况，只有缓慢加热，才能使此项误差减小。记下样品开始塌落并有液相产生时（初熔）和固体完全消失时（全熔）的温度计读数，即得该化合物的熔程。要注意在初熔前是否有萎缩或软化、放出气体以及其他分解现象。例如一物质在 120℃时开始萎缩，在 121℃时有液滴出现，在 122℃时全部液化，应记录如下：熔点 121～122℃，120℃时萎缩。

熔点测定至少要进行两次。每一次测定都必须用新的熔点管另装样品，不能将已测过熔点的熔点管冷却，使其中的样品固化后再做第二次测定。因为有时某些物质会产生部分分解，有些会转变成具有不同熔点的其他结晶形式。测定易升华物质的熔点时，应将熔点管的开口端烧熔封闭，以免升华。如果要测定未知物的熔点，应先对样品粗测一次，加热可以稍快，知道大致的熔点范围后，待浴温冷至熔点以下约 30℃，再取另一根装样的熔点管做精密的测定。

熔点测好后，温度计的读数须对照温度计校正图进行校正。

毛细管法测熔点的注意事项：

① 熔点管要干净，管壁不能太厚，封口要均匀。封口时，一端在火焰上加热时要尽量让熔点管接近垂直方向，火焰温度不宜太高，最好用酒精灯，断断续续地加热。封

口要圆滑，以不漏气为原则。

② 样品一定要干燥，并要研成细粉末。往熔点管内装样品时，一定要反复撞击夯实，管外样品要用卫生纸擦干净。

③ 用橡胶圈将熔点管缚在温度计旁，并使装样部分和温度计水银球处在同一水平位置，同时要使温度计水银球处于中心部位。

④ 升温速度不宜太快，特别是当温度将要接近该样品的熔点时，升温速度更不能快。一般情况是，开始升温时速度可稍快些（5℃/min），但接近该样品熔点时，升温速度要慢（1～2℃/min）。

⑤ 测定工作结束，一定要等冷却后再将浓硫酸倒回瓶中。温度计也要等冷却后，用废纸擦去硫酸方可用水冲洗。

## 三、实训操作

用提勒管式熔点测定方法测定表 5-2-1 中物质的熔点和熔程，并将结果填至表中。

表 5-2-1　提勒管式熔点测定方法测定熔点和熔程

| 物质名称 | 熔点/℃ | 熔程/℃ |
|---|---|---|
| 苯甲酸 | | |
| 尿素 | | |

## 四、实训评价

请学生和教师根据表 5-2-2 的实训评价内容进行学生自评和教师评价，并根据评分标准将对应的得分填写于表中。

表 5-2-2　熔点的测定实训评价表

| 评价内容 | 评分标准/分 | 学生自评/分 | 教师评价/分 | 得分/分 |
|---|---|---|---|---|
| 掌握熔点的测定原理 | 20 | | | |
| 掌握熔点的测定方法 | 15 | | | |
| 会正确使用熔点测定装置 | 15 | | | |
| 总计/分 | | | | |

## 实训三　密度的测定

### 一、实训目的

① 了解密度瓶法的测定原理。

② 掌握密度瓶法的测定方法。

### 二、实训知识

密度是指在一定温度下某种物质的质量（$m$）和体积（$V$）的比值，用 $\rho$ 表示，单位为 $kg/m^3$、$g/cm^3$、$kg/L$、$g/mL$。

液体在不同温度下测得的密度是不同的，表示密度时必须注明温度。国家标准规定液态产品密度的标准测定温度为 20℃。

本实训主要介绍用密度瓶法测液体密度的方法。

在 20℃时，分别测定充满同一密度瓶的蒸馏水及试样的质量，由蒸馏水的质量及密度可以确定试样的体积 $V_样$，因此可通过以下式子计算试样的密度 $\rho$。

$$V_样 = \frac{m_水}{\rho_0} = \frac{m_样}{\rho}$$

$$\rho = \frac{m_样}{m_水}\rho_0$$

式中　$m_样$——20℃时充满密度瓶的试样质量，g；

　　　$m_水$——20℃时充满密度瓶的蒸馏水的质量，g；

　　　$\rho_0$——20℃时蒸馏水的密度，$\rho_0 = 0.99820 g/cm^3$。

由于测定密度时是在空气中称取水和试样质量的，必然受到空气浮力的影响。因此，必须按下式计算密度，以校正空气的浮力。

$$\rho = \frac{m_样 + A}{m_水 + A}\rho_0$$

$$A = \rho_a V_样$$

式中　$A$——空气浮力校正值，g；

　　　$\rho_a$——干燥空气在 20℃，101.325kPa 时的密度，为 $0.0012 g/cm^3$。

通常 $A$ 值的影响很小，可以忽略。

常用的密度瓶有标准型密度瓶（图 5-3-1）和普通型密度瓶（图 5-3-2）。

测定方法如下：

① 将密度瓶洗净并烘干，冷却至室温后连同温度计及侧孔罩一起在分析天平上精确称量。

② 将煮沸 30min 并冷却至约 16℃的蒸馏水装入密度瓶，插入温度计，置于恒温水浴（20℃±0.1）℃中 30min，取出密度瓶，盖上侧孔罩，用滤纸擦干其外壁的水，立即称量。

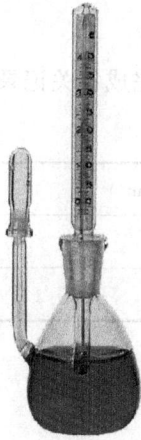

图 5-3-1　标准型密度瓶

图 5-3-2　普通型密度瓶

③ 将密度瓶中的水倒出，用乙醇或乙醚清洗并烘干，冷却至室温。

④ 计算试样的密度。重复测定三次，取平均值。

## 三、实训操作

测定表 5-3-1 中所列两种液体的密度，并填于表中，完成相关记录。

表 5-3-1　密度的测定

| 物质名称 | 密度/(kg/m$^3$) |
| --- | --- |
| 生理盐水 | |
| 无水乙醇 | |

## 四、实训评价

请学生和教师根据表 5-3-2 的实训评价内容进行学生自评和教师评价，并根据评分标准将对应的得分填写于表中。

表 5-3-2　密度的测定实训评价表

| 评价内容 | 评分标准/分 | 学生自评/分 | 教师评价/分 | 得分/分 |
| --- | --- | --- | --- | --- |
| 了解密度瓶法的测定原理 | 20 | | | |
| 掌握密度瓶法的测定方法 | 30 | | | |
| 总计/分 | | | | |

化学实验基础操作

→ 参考文献

[1]　王建梅，刘晓薇．化学实验基础［M］.3版．北京：化学工业出版社，2022.
[2]　曹静，陈星，孙圣峰．化学实验室安全教程［M］．北京：化学工业出版社，2023.
[3]　范春蕾，罗盛旭，罗明武．分析化学实验［M］.2版．北京：化学工业出版社，2023.
[4]　高职高专化学教材编写组．分析化学实验［M］.5版．北京：高等教育出版社，2020.